"十四五"职业教育国家规划教材

高等院校
数字艺术精品课程规划教材

Cinema 4D
商业动画项目教程

全彩慕课版

李蓟宁 主编

人民邮电出版社
北京

图书在版编目（CIP）数据

Cinema 4D商业动画项目教程：全彩慕课版 / 李蓟宁主编． -- 北京：人民邮电出版社，2022.3
高等院校数字艺术精品课程系列教材
ISBN 978-7-115-56592-1

Ⅰ．①C… Ⅱ．①李… Ⅲ．①三维动画软件－高等学校－教材 Ⅳ．①TP391.414

中国版本图书馆CIP数据核字(2021)第103529号

内 容 提 要

本书以"项目引领、任务驱动"的形式，从商业实战角度详细介绍 Cinema 4D 动画项目的设计方法、制作流程和软件操作技巧；选用的案例实用、易学、贴近市场。全书包括 8 个完整的商业动画项目，每个项目根据工作流程分解为具体的制作任务，从模型的创建到动画的调节，从材质的制作到灯光、渲染环境的配合，将 Cinema 4D 的不同功能有机地融入各项目工作流程的每一个任务中，让读者在完成任务的过程中由浅入深地掌握相关技能。

本书通过任务和视频操作微课引领读者自主探究，逐步学习并掌握 Cinema 4D 动画的制作技巧。本书可作为高等院校和高等职业院校相关专业和培训机构的教材，也适用于对动画、电视包装、媒体后期行业感兴趣的读者。

◆ 主　　编　李蓟宁
　　责任编辑　刘　佳
　　责任印制　王　郁　焦志炜
◆ 人民邮电出版社出版发行　　北京市丰台区成寿寺路 11 号
　　邮编　100164　　电子邮件　315@ptpress.com.cn
　　网址　https://www.ptpress.com.cn
　　北京瑞禾彩色印刷有限公司印刷
◆ 开本：787×1092　1/16
　　印张：14.5　　　　　　　　2022 年 3 月第 1 版
　　字数：384 千字　　　　　　2025 年 1 月北京第 11 次印刷

定价：79.80 元

读者服务热线：(010)81055256　印装质量热线：(010)81055316
反盗版热线：(010)81055315
广告经营许可证：京东市监广登字 20170147 号

FOREWORD ——————————————— 前言

Cinema 4D 是当前非常流行的三维动画、影视后期制作软件，许多高校的动画、数字媒体、计算机专业都开设了相关课程。通过本书的学习，读者能应用 Cinema 4D 的建模、动画、材质、渲染等操作技巧，完成商业动画的制作。本书全面贯彻党的二十大精神，以社会主义核心价值观为引领，将激发全民族文化创新创造活力，增强中华文明传播力影响力的精神融合在项目制作中。通过完整的"项目引领、任务驱动"式的学习，读者不仅能掌握软件的操作，还能将学到的知识在一个完整的商业动画项目中整合应用。党的二十大报告提出，坚持把发展经济的着力点放在实体经济上。在本教材的项目中多次引入紧贴地方实体经济发展的企业宣传案例，如：OOD 品牌宣传片（新年篇）、精诚电子标志演绎等，培养学生为地方实体经济企业服务的意识，引导学生将民族文化创新融入企业项目中。

本书的主要特点是在内容编排上采用项目化、任务驱动的形式，项目内容商业应用性强。本书通过 8 个商业实战项目，讲解 Cinema 4D 商业动画制作过程中的具体任务、工作流程和操作技巧。本书将每个项目细分为 4 ~ 5 个大任务，每个大任务又细分为 2 ~ 10 个子任务，每个任务的步骤讲解都很详细，每个项目都能自成教学体系。前 4 个项目，难度由浅入深，操作步骤讲解翔实细致；在读者掌握了一定的软件使用技巧以后，后 4 个项目操作步骤讲解精简凝练。

本书的参考学时为 64 ~ 80 学时，建议采用"做中学、做中教"的教学模式，各项目的参考学时见下面的学时分配表。

学时分配表

项　　目	课　程　内　容	学　　时
项目 1	Cinema 4D 基础	2 ~ 4
项目 2	毕业设计展片花	5 ~ 7
项目 3	水晶球音乐盒动画	16 ~ 18
项目 4	神灯加湿器产品宣传片	16 ~ 20
项目 5	烘焙屋广告片	16 ~ 18
项目 6	OOD 品牌宣传片（新年篇）	4 ~ 6
项目 7	精诚电子标志演绎	4 ~ 6
项目 8	OC 渲染参数解析	1
学时总计		64 ~ 80

本书配套的教学视频以讲授具体的操作步骤为主，个别非绝对参数（如颜色、灯光功率、灯光位置等）与书中稍有出入，不会影响操作效果的实现，项目实际使用的参数以书中描述为准。

在此要特别感谢火星时代的廖梓浩老师，他参与了慕课视频的录制工作并在项目的选择、内容编撰等方面提供了很多专业意见。感谢顺德职业技术学院的张恒老师，项目 2 中使用的两个标志为他的原创作品。

由于编者水平和经验有限，书中难免有欠妥和不足之处，敬请读者批评指正。

编　者
2023 年 6 月

CONTENTS ——————————— 目录

—01—

项目 1　Cinema 4D 基础

—02—

项目 2　毕业设计展片花

CONTENTS 目录

─03─

项目 3 水晶球音乐盒动画

CONTENTS 目录

CONTENTS ———————————————— 目录

——05——

项目5　烘焙屋广告片

——06——

项目6　OOD品牌宣传片
（新年篇）

CONTENTS ——————————————————— 目录

—07—

项目7 精诚电子标志演绎

—08—

项目8 OC渲染参数解析

CONTENTS ———————————————— 目录

项目 1
Cinema 4D 基础

1.1 项目描述

扫码观看视频

在学习Cinema 4D(以下简称C4D)软件之前首先要了解C4D的软件特点、基本操作、工程文件管理和渲染器插件。通过本项目的学习，读者应了解C4D的软件特点和功能特色，对软件的基本操作和文件管理、插件使用有一定的了解，为之后的项目学习打下基础。

1.2 技能概述

C4D 是德国 Maxon Computer 研发的 3D 绘图软件，前身为 FastRay，包含建模、动画、渲染、角色、粒子和插画等模块。C4D 以其运算速度快和渲染插件强著称，此外 C4D 还具有实用的运动图形模块和模拟

自然界的物理动力学系统。C4D 不仅在其制作的各类电影中表现突出，同时在影视包装、广告动画等商业动画领域也表现非凡，如图 1-2-1 所示。C4D 是如今国内主流的影视制作软件，它最显著的优点就是上手快、效率高、渲染效果好。除了广告设计，C4D 也可以进行动画制作、室内设计和影视特效的制作。

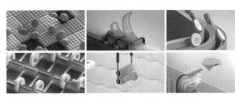

图 1-2-1

1.3 任务 1：了解 Cinema 4D 的特色

1. 渲染效果好、速度快

C4D 内置渲染器渲染出来的图片效果非常逼真，材质、光影的设置操作简单、便捷，而且渲染速度快，可以在较短的时间内创造出极具质感和真实感的作品。

2. 运动图形系统强大

C4D 的运动图形系统，也就是 MoGraph，功能强大、操作简易，是一个非常实用且使用频率非常高的系统，能极大地释放设计师的创造力，使作品具有无限的可能性。运动图形效果如图 1-3-1 所示。

图 1-3-1

3. 实用的毛发系统

C4D 的毛发系统便于控制，可以快速地造型，除了可以给角色制作不同造型的毛发之外，也可以制作草地、树木之类的场景，还可以制作生长动画等。C4D 的毛发效果如图 1-3-2 所示。

4. 丰富的预置库

C4D 拥有丰富且强大的预置库，用户可以轻松地从它的预置库中找到需要的模型、贴图、材质、照明、环境、动力学、摄像机镜头预设，这大大提高了用户的工作效率。

图 1-3-2

5. 可与后期软件 After Effects 无缝衔接

After Effects 可渲染 C4D 文件，方便用户以各个图层为基础，控制部分渲染、摄像机和场景内容，

使用户在工作流程中无须创建中间通道或图像序列文件。将基于 C4D 文件的图层添加到合成后，用户可在 C4D 中对其进行修改和保存，并将结果实时显示在 After Effects（AE）中。

随着软件更新，C4D 陆续出现多个版本，本书采用应用极为广泛且有较多插件支持的 R19 版本进行教学。（项目中如涉及个别功能在新旧版本的操作上有较大区别，将在慕课视频中补充讲述。）

扫码观看视频

1.4 任务 2：了解 Cinema 4D 基本操作

安装 C4D，启动软件，出现的启动界面如图 1-4-1 所示。

C4D 的软件初始界面由标题栏、菜单栏、工具栏、编辑模式工具栏、视图窗口、动画编辑窗口、材质窗口、坐标窗口、对象管理器 / 场次管理器 / 内容浏览器 / 构造窗口、属性面板、层面板、提示栏组成，如图 1-4-2 所示。下面对它们分别进行讲解。

图 1-4-1

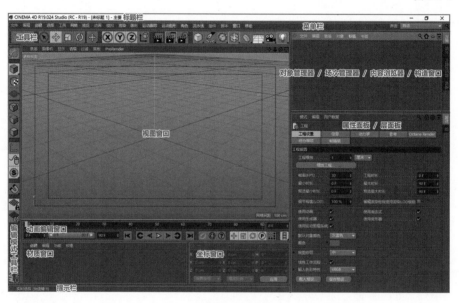

图 1-4-2

1.4.1 标题栏

标题栏位于界面顶端，显示软件的版本和当前打开文件的名称。新建文件由系统自动生成文件名 "未标题 1"，对其做任何操作后，"未标题 1"后面会多一个 "*"，表示文件是修改编辑过的，如图 1-4-3 所示。在菜单栏中单击 "文件 > 保存"，可以保存此文件，或以其他文件名保存到其他路径下，如图 1-4-4 所示。

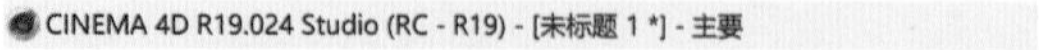

⚫ CINEMA 4D R19.024 Studio (RC - R19) - [未标题 1 *] - 主要

图 1-4-3

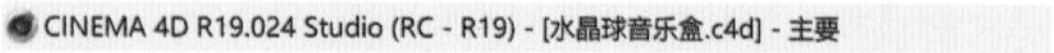

⚫ CINEMA 4D R19.024 Studio (RC - R19) - [水晶球音乐盒.c4d] - 主要

图 1-4-4

1.4.2 菜单栏

菜单栏是软件大多数功能的入口，如图 1-4-5 所示。

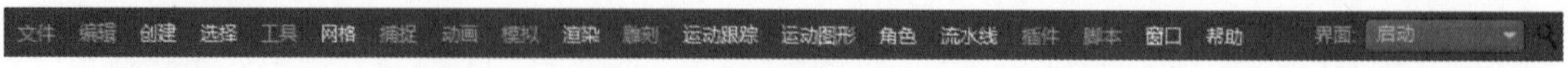

文件 编辑 创建 选择 工具 网格 捕捉 动画 模拟 渲染 运动跟踪 运动图形 角色 流水线 插件 脚本 窗口 帮助 界面 启动

图 1-4-5

单击每一个菜单名称，都会有一个下拉菜单出现，且每个下拉菜单的顶端都有两行虚线，如图 1-4-6 所示。把鼠标指针放在虚线位置，单击，此列下拉菜单会变成一个独立面板，可以被随意拖曳到任意地方，如图 1-4-7 所示。拖曳独立面板顶端的虚线位置，可以把面板嵌入界面不同的位置，如果想保留修改后的界面布局，可以在菜单栏中单击"窗口 > 自定义布局 > 保存为启动布局"，下次软件启动后将以此为启动布局，如图 1-4-8 所示。或在菜单栏中单击"窗口 > 自定义布局 > 另存布局为"，将此布局另命名后保存。通过菜单栏最右侧的"界面"下拉菜单切换布局，这样可以把常用的界面单独列出，不需要反复单击菜单寻找。

图 1-4-6

图 1-4-7

如果菜单项右侧有小三角形，如图 1-4-9 所示，代表该菜单有子菜单，单击小三角形可展开子菜单。

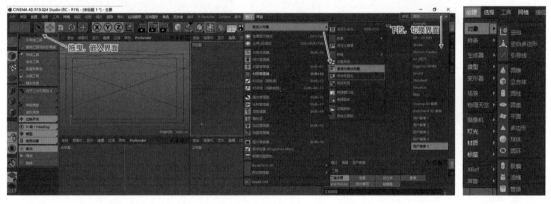

图 1-4-8

图 1-4-9

1.4.3　工具栏

　　菜单栏下方是工具栏，包含部分常用工具，如图 1-4-10 所示。下面对这些工具分别进行讲解。

撤销重做　　对象操作类工具　　坐标类工具　　渲染类工具　　　对象创建类工具

图 1-4-10

　　工具栏中包括撤销重做、对象操作类、坐标类、渲染类、对象创建类 5 组工具，可以创建、编辑模型对象，渲染场景等。将鼠标指针移至工具图标上，会出现该工具的功能和快捷键提示，如图 1-4-11 所示；单击图标可调用对应的工具。有些图标右下角有黑色三角形，表示该工具包含子工具，在图标上按住鼠标左键会弹出隐藏的工具组，如图 1-4-12 所示。

1. 撤销重做

撤销重做工具组由两个工具组成，分别为撤销工具和重做工具，下面对这两个工具进行讲解。

撤销　用于撤销上一步的操作，和菜单栏中的"编辑 > 撤销"功能相同，组合键为"Ctrl+Z"。

重做　用于重做撤销的操作，和菜单栏中的"编辑 > 重做"功能相同，组合键为"Ctrl+Y"。

2. 对象操作类工具

对象操作类工具由选择工具组、移动工具、缩放工具、旋转工具和实时切换工具组成。下面对这些工具分别进行讲解。

（1）选择工具组

选择工具组中有 4 个工具，如图 1-4-13 所示。

图 1-4-11　　　图 1-4-12　　　图 1-4-13

实时选择工具可以对多个对象或单个多边形对象的点线面进行涂绘实时选择，选中区域呈黄色高亮显示，如图 1-4-14 所示。以鼠标指针为中心的白圈是进行涂绘选择的笔刷，笔刷大小可以通过左中括号"［"和右中括号"］"键控制，也可以通过实时选择工具属性面板中的"选项 > 半径"参数来控制。笔刷绘制的区域即为选择范围，可以通过加按 Shift 键增大选择范围，加按 Ctrl 键减小选择范围。

框选工具可以对多个对象或单个多边形对象的点线面进行框选，单击该工具，拖曳并框选对象，选框内的选择范围呈黄色高亮显示，如图 1-4-15 所示。可以通过加按 Shift 键增大选择范围，加按 Ctrl 键减小选择范围。

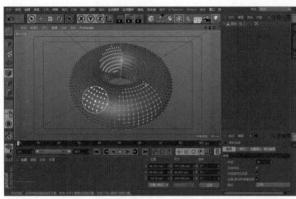

图 1-4-14

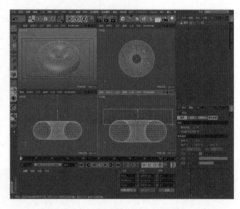

图 1-4-15

套索选择工具可以对多个对象或单个多边形对象的点、线、面进行套索选择，如图 1-4-16 所示。单击该工具，绘制的不规则图形内部即为选择范围，呈黄色高亮显示。可以通过加按 Shift 键增大选择范围，加按 Ctrl 键减小选择范围。

多边形选择工具可以对多个对象或单个多边形对象的点、线、面进行多边形选择，如图 1-4-17 所示。单击该工具，绘制的多边形内部即为选择范围，呈黄色高亮显示。可以通过加按 Shift 键增大选择范围，加按 Ctrl 键减小选择范围。

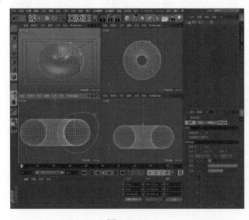

图 1-4-16

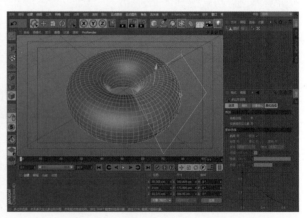

图 1-4-17

（2）移动工具

移动工具可以移动对象，C4D 启动后会默认开启移动工具。单击该工具，视图中被选中的对象上会出现三维坐标系，红色坐标轴代表 x 轴，绿色坐标轴代表 y 轴，蓝色坐标轴代表 z 轴，如图 1-4-18 所示。在视图空白区域拖曳鼠标指针，可以在三维空间内自由移动被选中的对象；将鼠标指针移至坐标轴上进行拖曳，可以沿单轴方向移动对象，如图 1-4-19 所示；将鼠标指针移至两个坐标轴间的三角形上进行拖曳，可以沿两轴方向移动对象，如图 1-4-20 所示。移动操作开始后按住 Shift 键，可以 10cm 为单位距离进行移动。

图 1-4-18　　　　　　　　图 1-4-19　　　　　　　　图 1-4-20

坐标轴上有可调整对象尺寸的黄点，如图 1-4-21 所示。沿着轴向拖曳黄点，可修改对象的尺寸，如图 1-4-22、图 1-4-23 所示。

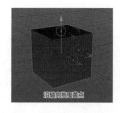  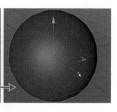 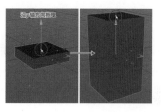

图 1-4-21　　　　　　　　图 1-4-22　　　　　　　　图 1-4-23

（3）缩放工具

缩放工具 ![]可以缩放对象。单击该工具，视图中被选中的对象的三维坐标箭头会变成方形，如图 1-4-24 所示，在视图空白区域拖曳鼠标指针，可以整体缩放被选中的对象。将鼠标指针移至坐标轴上进行拖曳，可以沿着轴方向缩放对象，但这个操作只对转为可编辑对象后的模型有效，对立方体、球体这类通过创建工具创建出来的对象无效。缩放操作开始后按住 Shift 键，可以 10% 为单位比例进行缩放。

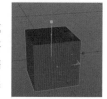

图 1-4-24

（4）旋转工具

旋转工具 ![]可以旋转对象。单击该工具，视图中被选中的对象上会出现一个球形的旋转控制器，如图 1-4-25 所示。红、蓝、绿颜色的 3 个圆环分别控制对象在自身 x、z、y 轴方向上的旋转，在视图空白区域拖曳鼠标指针，可以控制对象在当前视图平面内 360° 旋转。旋转操作开始后按住 Shift 键，可以 10° 为单位角度进行旋转。

（5）实时切换工具

实时切换工具 ![]显示的是当前使用工具，按住图标弹出的下拉菜单中显示的是最近使用过的工具，如图 1-4-26 所示。按空格键可以切换当前使用工具和移动工具。

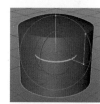

图 1-4-25

3. 坐标类工具

（1）锁定 / 解锁 XYZ 轴工具

锁定 / 解锁 XYZ 轴工具 ![]用于锁定与解锁轴向，默认 3 个轴向都是锁定状态，可以单击图标解锁，如图 1-4-27 所示。若只锁定对象的 x 轴，那它便只能在 x 轴方向移动，但这个操作只能在视图空白区域进行，如果在对象的坐标轴上直接操作，则不受该组工具的限制。

（2）对象 / 全局坐标系统工具

单击可切换对象坐标系统工具 ![]和全局坐标系统工具 ![]。C4D 所有对象都是默认在世界坐标中心创建的，创建时对象坐标与全局坐标方向一致。当对象被修改编辑后，对象自身的坐标方向可能会发生变化，与全局坐标的方向不同，如图 1-4-28 所示。此时可以通过切换对象 / 全局坐标系统，来锁定对象使用自身坐标或全局坐标进行操作。

图 1-4-26

4. 渲染类工具

（1）渲染活动视图

单击渲染活动视图工具 ![]，可以渲染当前正在编辑的视图，如图 1-4-29 所示。在当前视图中单击可以退出渲染状态。

图 1-4-27

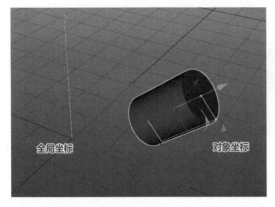

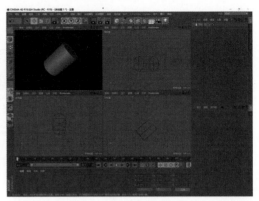

图 1-4-28

图 1-4-29

（2）渲染到图片查看器

单击渲染到图片查看器工具，可以将摄像机画面渲染到图片查看器，如图 1-4-30 所示。按住图标弹出的下拉菜单中显示的是其他渲染工具，如图 1-4-31 所示。

（3）编辑渲染设置

单击编辑渲染设置工具会打开渲染设置面板，所有与渲染相关的参数都在这里设置，如图 1-4-32 所示。

5. 对象创建类工具

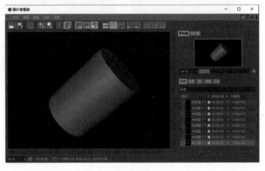

图 1-4-30

对象创建类工具由几何体工具组、样条工具组、生成器工具组、造型工具组、变形器工具组、场景工具组、摄像机工具组、灯光工具组组成。下面对这些工具分别进行讲解。

（1）几何体工具组

几何体工具组用于创建基本几何体，如图 1-4-33 所示。基本几何体配合造型、变形器等工具或转为可编辑对象后，可根据设计需求编辑出更复杂的模型对象。

图 1-4-31   图 1-4-32   图 1-4-33

（2）样条工具组

样条工具组用于创建和编辑基本造型或任意造型的二维样条线，如图 1-4-34 所示。

（3）生成器工具组

生成器工具组用于创建曲面模型对象，如图 1-4-35 所示。该组中所有工具的图标都是绿色的，在 C4D 中，图标为绿色的工具创建的对象都将用作父级，具体操作会在之后的章节中讲解。

图 1-4-34

图 1-4-35

（4）造型工具组

造型工具组 用于两个及以上模型对象的合并编辑，如布尔、阵列、融球工具等；或用于单个模型对象的特殊造型，如减面、LOD 工具，如图 1-4-36 所示。

（5）变形器工具组

变形器工具组 用于对模型对象进行各种变形操作，如图 1-4-37 所示。

图 1-4-36

图 1-4-37

（6）场景工具组

场景工具组 用于创建天空、地面、背景等场景，如图 1-4-38 所示。个别工具的图标如果显示为灰色，则代表该工具未达到激活使用的条件。

（7）摄像机工具组

摄像机工具组 用于创建不同类型的摄像机，如图 1-4-39 所示。

（8）灯光工具组

灯光工具组 用于创建不同类型的灯光，如图 1-4-40 所示。

图 1-4-38

图 1-4-39

图 1-4-40

1.4.4 编辑模式工具栏

编辑模式工具栏位于界面左边，包含常用的编辑工具，如图 1-4-41 所示，下面对这些工具分别进行讲解。

1. 转为可编辑对象工具

转为可编辑对象工具 用于将模型对象转换为点、线、面可独立调整编辑的对象。只有选中符合转换条件的对象，该工具才能被激活。

2. 模型模式工具

模型模式工具 一般在编辑模型对象的基本属性和坐标属性时使用。按住图标，弹出的

图 1-4-41

下拉菜单中显示的还有对象模式和动画模式，如图1-4-42所示。

对象模式可以在不改变模型属性参数的情况下对其进行修改，如在对象模式下可以对几何体对象直接进行单轴缩放使其变形，如图1-4-43所示，而在模型模式下几何体对象需要转为可编辑对象后才能被单轴缩放。

动画模式用于在视图中调节动画曲线。

图1-4-42

3. 纹理工具

纹理工具 用于编辑当前被激活的纹理。

4. 工作平面模式工具

工作平面是视窗三维空间中的一个参考平面，如图1-4-44所示。工作平面模式工具 用于调整工作平面，工作平面可以移动、缩放和旋转，如图1-4-45所示。

5. 点模式工具

点模式工具 用于对可编辑对象上的点元素进行编辑，如图1-4-46所示。

图1-4-43

图1-4-44

图1-4-45

6. 边模式工具

边模式工具 用于对可编辑对象上的边元素进行编辑，如图1-4-47所示。

7. 多边形模式工具

多边形模式工具 用于对可编辑对象上的面元素进行编辑，如图1-4-48所示。

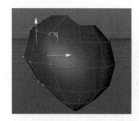
图1-4-46

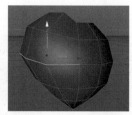
图1-4-47

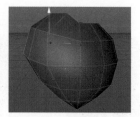
图1-4-48

8. 启用轴心工具

启用轴心工具 用于修改可编辑对象的轴心，如图1-4-49所示。启用轴心工具可以配合启用捕捉工具使用，当轴心靠近对象的结构点或线时，会自动吸附，便于精确修改轴心的位置。

9. 微调模式

微调模式 默认为激活状态，在此模式下，可以对未选中的对象直接进行移动、旋转、缩放操作；关闭微调模式后，需要先选中对象，再进行下一步操作。

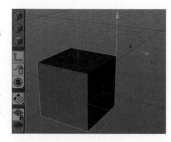
图1-4-49

10. 独显模式

关闭视窗独显模式 默认为激活状态，场景中不会有任何对象被单独显示，也就是说所有对象都被显示在场景中。按住图标，弹出的下拉菜单中显示了3种独显模式，如

图 1-4-50 所示。

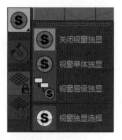

在视图或对象列表中选中某个对象后，单击"视窗单体独显"，被选中的对象会被单独显示，而其他对象都会被隐藏。

在视图或对象列表中选中某个对象后，单击"视窗层级独显"，被选中的对象和它的子级都会被单独显示出来。

单击"视窗单体独显"或"视窗层级独显"后，继续单击"视窗独显选择"，再在视图或对象列表中选中某个对象，该对象会被单独显示；当单击视图空白区域或对象列表的空白区域，即没有选中任何对象时，场景中将显示所有对象。

图 1-4-50

小提示

（1）独显模式支持多选，选中多个对象后执行独显命令，被选中的对象都会被单独显示。

（2）生成器工具创建的对象如细分曲面、挤压、旋转、放样、扫描对象，如果它们的子级（如样条线或模型）被设置为独显模式，那么该生成器也会被显示出来，不会被隐藏。

（3）独显功能不作用于渲染对象。

---

11. 启用捕捉工具

单击启用捕捉工具，可以激活自动捕捉、3D 捕捉或 2D 捕捉这 3 种模式之一，它主要在对齐、绘制等情况下配合其他工具使用，方便精准操作，如图 1-4-49 所示。要将立方体的轴心修改到顶点，选中立方体后，单击启用轴心工具，然后单击启用捕捉工具，选择"自动捕捉 + 顶点捕捉"，如图 1-4-51 所示，再移动轴心，轴心就能吸附在立方体顶点处，完成精确的轴心修改操作。

使用捕捉工具时最好打开 4 个视图，在多个视图角度下确定捕捉的位置。

自动捕捉、3D 捕捉、2D 捕捉都需要与下拉菜单中的捕捉工具配合使用，单独使用没有效果。

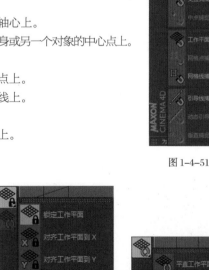

启用量化：以 10 为单位距离进行移动，与按住 Shift 键产生的效果相同。

顶点捕捉：将所选对象自动吸附到任意对象的顶点上。

边捕捉：将所选对象自动吸附到任意对象的边上。

多边形捕捉：将所选对象自动吸附到任意对象的面上。

样条捕捉：将所选对象自动吸附到样条上。

轴心捕捉：将所选对象自动吸附到自身或任意对象的轴心上。

中心捕捉：在开启其他捕捉的前提下将所选对象吸附到自身或另一个对象的中心点上。

工作平面捕捉：将所选对象自动吸附到工作平面上。

网格点捕捉：将所选对象自动吸附到工作平面的网格点上。

网格线捕捉：将所选对象自动吸附到工作平面的网格线上。

引导线捕捉：将所选对象自动吸附到引导线上。

动态引导线捕捉：将所选对象自动吸附到动态引导线上。

图 1-4-51

12. 锁定工作平面工具

锁定工作平面默认为激活状态，即工作平面默认是锁定的。按住图标，在弹出的下拉菜单中可调用将工作平面对齐到 x 轴、y 轴或 z 轴的工具，也可调用对齐工作平面到选集（选集即被选中的一个或多个对象）或将选集对齐到工作平面的工具，如图 1-4-52 所示。

13. 工作平面工具

C4D 默认的工作平面是平直工作平面，按住图标，在弹出的下拉菜单中还有摄像机工作平面和轴心工作平面可供切换，如图 1-4-53 所示。更改了合适的工作平面后建议单击 锁定工作平面。

图 1-4-52   图 1-4-53

小提示

工具栏和编辑模式工具栏内的工具图标，可以通过自定义的方式进行编辑。在菜单栏中单击"窗口>自定义布局>自定义面板"，或在工具栏和编辑模式工具栏的任意空白处右击，执行"自定义面板"命令，调出自定义命令面板，如图1-4-54所示。此时工具栏和编辑模式工具栏中的图标都会有一个蓝框，表示可以编辑，从自定义命令面板中找到需要的工具拖曳到工具栏的空白处，可添加工具，如图1-4-55所示。双击图标，可以删除该工具。

图 1-4-54

图 1-4-55

编辑完后关闭自定义命令面板，在菜单栏中单击"窗口>自定义布局>保存为启动布局"，下次软件启动后将以此为启动布局，或在菜单栏中单击"窗口>自定义布局>另存布局为"，将此布局重命名后保存，可通过菜单栏最右侧的下拉菜单切换布局，如图1-4-8右侧所示。

1.4.5　视图窗口

每个视图窗口上方都有视图操作工具组和视图菜单，下面对这些工具和菜单分别进行讲解。

1. 视图操作工具组

C4D启动界面中默认的视图窗口是最大化显示的透视视图，如图1-4-56所示。

每个视图右上角都有4个工具 ⊕↕⟳⊡ ，可以平移、缩放、旋转和切换视图。

左键按住 ⊕ 不放，拖曳鼠标指针，可以向不同方向平移视图，视图平移方向与鼠标指针运动方向一致。

左键按住 ↕ 不放，拖曳鼠标指针，可以缩放视图。

左键按住 ⟳ 不放，可以旋转视图。

单击 ⊡ 可以切换单视图与四视图显示，如图1-4-57所示。

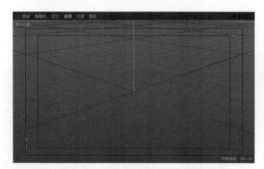

图 1-4-56

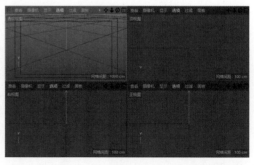

图 1-4-57

> **视图操作快捷键（组合键）**
> 平移视图：Alt+鼠标中键　　数字键1+鼠标左键/鼠标中键
> 旋转视图：Alt+鼠标左键　　数字键3+鼠标左键/鼠标中键
> 缩放视图：滚动鼠标中键　　数字键2+鼠标左键/鼠标中键
> 切换视图：鼠标中键

2. 视图菜单

每个视图顶部都有自己的视图菜单，如图1-4-58所示。

（1）查看菜单

查看菜单里的命令主要用于进行视图内容显示等操作，如图1-4-59所示。

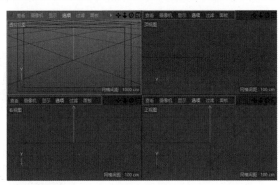

图1-4-58　　　　　　　　　　　　　　　　　　图1-4-59

①作为渲染视图

单击"查看>作为渲染视图" ，可以将当前视图设定为默认的渲染视图。透视视图是默认的渲染视图。

②撤销视图

对视图进行平移、旋转、缩放等操作后，可以单击"查看>撤销视图" 撤销之前对视图的操作。

③重做视图

单击"查看>重做视图" 可以重做"撤销视图"命令撤销的操作。

④框显全部

单击"查看>框显全部" 可以在当前视图最大化显示整个场景中的全部对象。

⑤框显几何体

单击"查看>框显几何体" 可以在当前视图最大化显示整个场景中的全部几何体对象。

⑥恢复默认场景

单击"查看>恢复默认场景" 可以在当前视图恢复工作平面为视图中心的初始视图。

⑦框显选取元素

单击"查看>框显选取元素" 可以在当前视图最大化显示选取的元素。选中可编辑对象上的局部面元素后，可以通过"框显选取元素"命令将其最大化显示在视图中，如图1-4-60所示。

⑧框显选择中的对象

单击"查看>框显选择中的对象" 可以在当前视图最大化显示选中的对象。选中一个或多个对象后可以通过"框显选择中的对象"命令将它们最大化显示在视图中，如图1-4-61所示。

⑨镜头移动

单击"查看>镜头移动" 后移动视图，可以在没有镜头透视变化下平移视图。

⑩重绘

单击"渲染活动视图" 后可以渲染当前活动视图，单击"查看>重绘" 可以退出渲染状态，该操作也可以通过在当前视图单击实现。

（2）摄像机菜单

摄像机菜单里的命令主要用于进行当前视图摄像机的选取、视图角度及类型的切换等操作，如图1-4-62所示。

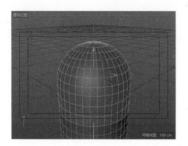

图 1-4-60

图 1-4-61

图 1-4-62

①导航

单击"摄像机 > 导航"，可以在下拉菜单中设定视图操作的摇移中心，如图 1-4-63 所示。默认是"光标模式"，也就是以鼠标指针中心为摇移中心；"中心模式"以视图中心为摇移中心；"对象模式"以选中对象为摇移中心；"摄像机模式"以摄像机的机位为摇移中心。

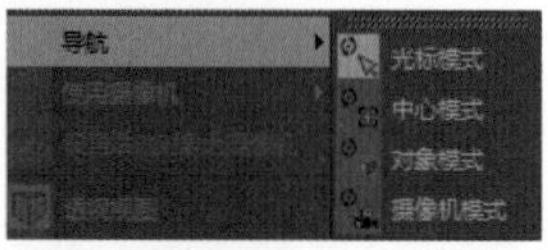

②使用摄像机

每个视图显示的都是由一个默认摄像机拍摄的内容，用户也可以创建不同的摄像机，单击"摄像机 > 使用摄像机"，可以在下拉菜单中设定当前视图显示哪一个摄像机拍摄的内容，如图 1-4-64 所示。

图 1-4-63

图 1-4-64

③设置活动对象为摄像机

选中对象后单击"摄像机 > 设置活动对象为摄像机" ，可以设置该选中对象为摄像机，以该对象的视角作为观察视角。如将此命令用于灯光，可以便于观察灯光的照射效果，调整照射角度。

④透视视图和平行视图

透视视图 和平行视图 都是三维视图，透视视图是成角透视三维视图，平行视图是无透视三维视图，如图 1-4-65 所示。

⑤左视图和右视图、正视图和背视图、顶视图和底视图

左视图 、右视图 、正视图 、背视图 、顶视图 和底视图 都是平面平行视图，如图 1-4-66 所示。

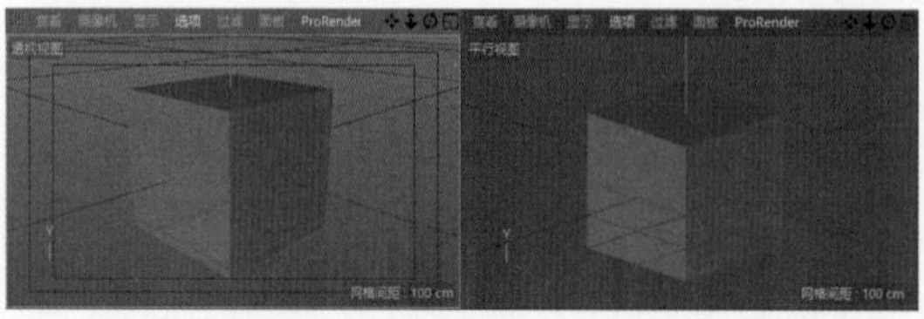

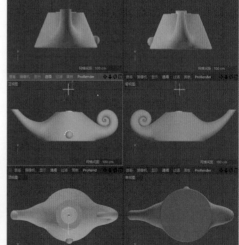

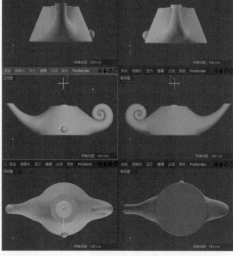

图 1-4-65

图 1-4-66

⑥轴侧

单击"摄像机 > 轴侧",可以在下拉菜单中设定 x、y、z 轴向不同比例的视图，如图 1-4-67、图 1-4-68 所示。

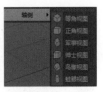

图 1-4-67

（3）显示菜单

显示菜单里的命令主要用于选择视图内容的显示模式，如图 1-4-69 所示。显示模式分为 3 种。

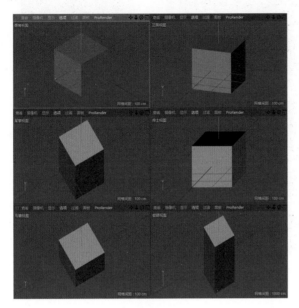

图 1-4-68

图 1-4-69

第一种：着色模式，包括光影着色⬤、快速着色⬤和常量着色⬤。

光影着色模式下，视图内所有对象都会根据场景设定的光源显示明暗效果。

快速着色模式下，视图内所有对象都会根据场景默认的光源显示明暗效果。

常量着色模式下，视图内所有对象只显示着色效果，不显示明暗效果。

第二种：着色 + 线条模式，包括光影着色（线条）⬤、快速着色（线条）⬤和常量着色（线条）⬤。

着色 + 线条模式下，视图内所有对象都会在着色的同时显示结构线条。

第三种：线条模式，包括隐藏线条⬤、线条⬤。

隐藏线条模式下，视图内所有对象都会在以灰色着色的同时显示结构线条。

线条模式下，视图内所有对象都只显示结构线条。

第二种着色 + 线条模式和第三种线条模式都可以在下拉菜单底部选择线框⬤、等参线⬤、方形⬤或骨架⋀作为线条效果。

各种显示效果如图 1-4-70 所示。

（4）选项菜单

选项菜单里的命令主要用于配合不同的操作来选择视图内容的显示效果，如图 1-4-71 所示。具体的显示选项，在后面的案例中涉及对应的操作时再讲解。

（5）过滤菜单

过滤菜单里的命令主要用于设定视图中所有元素的显示或隐藏，如图 1-4-72 所示。全局坐标轴、范围框和轴向等提示工具的显示或隐藏都可在此设定。

（6）面板菜单

面板菜单里的命令主要用于切换和设定视图的排列布局，如图 1-4-73 所示。

1.4.6　动画编辑窗口

动画编辑窗口位于视图窗口下方，包含时间线和动画编辑工具等，如图 1-4-74 所示。

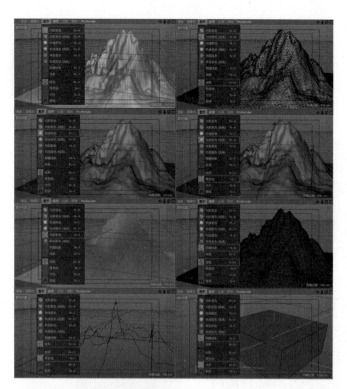

图 1-4-70

图 1-4-71

图 1-4-72

图 1-4-73

图 1-4-74

1.4.7　材质窗口

材质窗口位于动画编辑窗口下方，用于材质的创建和编辑，如图 1-4-75 所示。

1.4.8　坐标窗口

坐标窗口位于材质窗口右侧，用于编辑所选对象的坐标参数，如图 1-4-76 所示。

1.4.9　对象管理器 / 场次管理器 / 内容浏览器 / 构造窗口

对象管理器、场次管理器、内容浏览器、构造窗口位于界面右上方，4 个窗口可以通过右侧的按键切换，如图 1-4-77 所示。

图 1-4-75

图 1-4-76

1．对象管理器

对象管理器用于管理场景中的对象，分为 4 个区域：菜单栏、对象列表、隐藏／显示栏、标签栏，如图 1-4-78 所示。场景中的所有对象都在对象列表中，如图 1-4-79 所示。如果想编辑场景中的对象，可以在对象列表中单击选中，也可以在场景中单击选中。

图 1-4-77　　　　　　　　　图 1-4-78　　　　　　　　　图 1-4-79

隐藏／显示栏可以控制对象的显隐。

标签栏可以给对象添加各种标签，如基本几何体对象都默认添加了平滑着色标签，如图 1-4-79 所示。

2．场次管理器

场次管理器用于在同一个工程中创建、切换不同的场次，如图 1-4-80 所示。不同的场次可以设定场景内容不同的视角、材质、动作、渲染设置等，有点像同一个表演内容的多个备选镜头。

3．内容浏览器

内容浏览器用于管理和搜索各类文件，如图像、工程、预置文件等，如图 1-4-81 所示。材质、模型等文件可以添加到"预置"中，需要时直接拖入场景中使用。

图 1-4-80　　　　　　　　　　　　　　　　　图 1-4-81

4．构造窗口

构造窗口用于设置可编辑对象的点，如图 1-4-82 所示。

1.4.10　属性面板／层面板

属性面板／层面板位于界面右下方，两个面板可以通过右侧的按键切换。

属性面板非常常用，用于设置所选对象的所有属性参数，如图 1-4-83 所示。

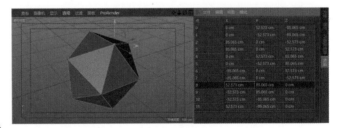

图 1-4-82

层面板可以通过图层将不同的内容或对象编组，如图 1-4-84 所示。在将多个对象分配到不同的层后，可以对某个层做单独的操作，例如只显示某个层、锁定某个层的对象、锁定整个层内对象的动画等，这样可以方便对某些对象做单独的调整。材质也可以使用层来进行管理，材质窗口的层结构类似组，可以把一个或多个材质加入同一个组内以方便管理。如一个由多个对象和多种材质组成的复杂模型，可以将对象或材质根据模型结构整合到不同层，方便管理。

1.4.11　提示栏

提示栏位于界面的最下方，用于显示鼠标指针所指的对象或工具的提示信息，如图 1-4-85 所示。

图 1-4-83

图 1-4-84

套索选择：点击并拖动创建套索选择元素。按住 Shift 键增加选区，按住 Ctrl 键减少选区。

图 1-4-85

1.5 任务 3: 了解 Cinema 4D 的工程文件管理

扫码观看视频

Cinema 4D 的工程文件管理主要包括常用文件操作、系统设置、工程设置，下面对这些操作和设置分别进行讲解。

1.5.1 常用文件操作

单击菜单栏中的"文件"，所有文件操作都在下拉菜单中，如图 1-5-1 所示。

1. 新建

单击菜单栏中的"文件 > 新建" 📄，可新建一个 C4D 文件。

2. 打开

单击菜单栏中的"文件 > 打开" 📂，可打开位于指定路径的 C4D 文件。

3. 恢复

单击菜单栏中的"文件 > 恢复" 📄，可恢复上次保存的 C4D 文件。

4. 关闭

单击菜单栏中的"文件 > 关闭" 📁，可关闭当前编辑的文件。

5. 全部关闭

单击菜单栏中的"文件 > 全部关闭" 📁，可关闭当前打开的所有文件。

6. 保存

单击菜单栏中的"文件 > 保存" 💾，可保存当前编辑的文件。

7. 另存为

单击菜单栏中的"文件 > 另存为" 💾，可将当前编辑的文件另存为一个新的文件。

图 1-5-1

8. 全部保存

单击菜单栏中的"文件 > 全部保存" 💾，可保存当前打开的所有文件。

9. 保存工程（包含资源）

单击菜单栏中的"文件 > 保存工程（包含资源）" 💾，可把当前文件和文件中用到的素材资源打包成一个工程文件包并保存。

10. 导出

单击菜单栏中的"文件 > 导出" 💾，可把当前文件导出为 .3ds、.xml、.ai、.obj 等格式，如图 1-5-2 所示。

图 1-5-2

文件操作常用组合键

新建文件：Ctrl+N	打开文件：Ctrl+O
关闭文件：Ctrl+W、Ctrl+F4	关闭全部文件：Ctrl+Shift+F4
保存文件：Ctrl+S	另存文件：Ctrl+Shift+S
保存全部文件：Ctrl+Shift+F4	

1.5.2 系统设置

单击菜单栏中的"编辑 > 设置" ，如图 1-5-3 所示，打开设置窗口。下面对 C4D 的系统设置进行讲解。

1. 用户界面

在设置窗口左侧菜单中单击"用户界面"，在右侧用户界面属性面板中可以修改界面的语言、色调和字体等，如图 1-5-4 所示。

图 1-5-3

图 1-5-4

2. 自动保存

在设置窗口左侧菜单中单击"文件"，在右侧文件属性面板中勾选"自动保存 > 保存"，修改"每（分钟）"参数为 20，如图 1-5-5 所示，意为设置每隔 20 分钟自动保存文件，此参数应根据个人习惯修改。

3. 单位

在设置窗口左侧菜单中单击"单位"，在右侧单位属性面板中可以修改界面的基本单位显示等，C4D 的默认单位是厘米，如图 1-5-6 所示。

图 1-5-5

图 1-5-6

4. 深度撤销

在设置窗口左侧菜单中单击"内存"，在右侧内存属性面板中修改"工程 > 撤销深度"参数为 99，增加可撤销的历史操作记录数，如图 1-5-7 所示。

5．恢复初始设置

在设置窗口底部左侧单击"打开配置文件夹"，如图 1-5-7 所示。打开配置文件夹，删除"备份"文件夹可恢复软件的初始设置，如图 1-5-8 所示。

图 1-5-7

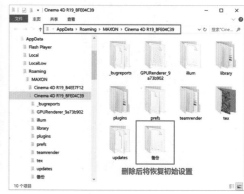

图 1-5-8

1.5.3 工程设置

单击菜单栏中的"编辑 > 工程设置"，如图 1-5-9 所示，在属性面板中打开"工程设置"选项卡，也可以直接在属性面板中单击"模式 > 工程"打开，修改"工程设置 > 帧率（FPS）"参数为 25，如图 1-5-10 所示。C4D 默认的帧率是每秒 30 帧，本书所有案例均采用电视广播制式（Phase Alteration Line，PAL），使用每秒 25 帧的帧率。

单击"工具栏 > 编辑渲染设置"工具，设置输出的"宽度"参数为 1920、"高度"参数为 1080、"帧频"参数为 25，如图 1-5-11 所示。1920×1080 是全高清尺寸，也可以根据需要设置为 1280×720，该尺寸为高清尺寸。

设置完后可以在个人计算机中保存这个空白的工程文件，便于下次新建工程时直接打开使用。

图 1-5-9

图 1-5-10

图 1-5-11

1.6 任务4：了解 Cinema 4D 的插件——Octane Render 渲染器

扫码观看视频

1. Octane Render 渲染器简介

Octane Render（以下简称 OC）渲染器可以作为插件在很多常用三维设计软件中使用，如 3DS Max、Maya 和 Cinema 4D 等，同时它也有独立运行版。OC 渲染器简单易学，渲染质量高、速度快，如图 1-6-1 所示。

图 1-6-1

2. Octane Render 渲染器特点

（1）OC 是 GPU 渲染器，相比传统的基于 CPU 的渲染器，它使用户花费较少的时间就能获得十分出色的作品，如图 1-6-2 所示。

（2）OC 不仅快速，而且实现了完全交互，可以实时获得渲染结果，无论是景深还是运动模糊都可以实时渲染刷新。

（3）OC 的材质、灯光、摄像机设置简单易学，其材质还可以使用节点编辑器来编辑，逻辑清晰、资源利用率高、操作方便，其效果如图 1-6-3 所示。

3. Octane Render 渲染器安装环境

OC 的各个版本并不是通用的，例如注明了是支持 Cinema 4D R19 版本的，就必须装在 R19 版本上。

图 1-6-2

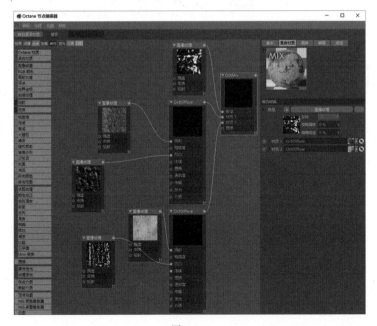

图 1-6-3

OC 渲染器是世界上第一个 GPU-accelerated 物理渲染器。这意味着 OC 是使用计算机的显卡来渲染图像的，目前，OC 需要支持 CUDA 的 NVIDIA 显卡才能运行。显卡越好渲染质量越高，渲染速度也会越快。检查本机显卡的方法：右击"我的电脑"，执行"属性 > 设备管理器 > 显示适配器"命令，显示适配器下显示的是 NVIDIA 显卡，则表明适合安装 OC，如图 1-6-4 所示。

使用显卡渲染不代表 CPU、内存等硬件完全不起作用，快速渲染需要其他硬件进行一定程度的配合。

4. Octane Render 渲染器基本操作

OC 安装完后，Cinema 4D 的菜单栏中会出现 Octane 菜单，其下拉菜单如图 1-6-5 所示，使用得比较多的是第二个命令"Octane 实时查看窗口"，Octane 工具条已经布局在窗口的顶端，Octane 设置也可以通过工具栏中的设置工具 调出。Octane 实时查看窗口主要用于材质、灯光和渲染的设置和查看实时的渲染效果。

菜单栏是 OC 大多数功能的入口，"文件"菜单的主要功能是保存渲染图像文件和导入与导出文件，如图 1-6-6 所示。

"对象"菜单的主要功能是创建摄像机、环境和灯光等对象，如图 1-6-7 所示。

"材质"菜单的主要功能是创建各种材质对象，如图 1-6-8 所示。OC 是第三方渲染器，和其他渲染器一样，有自己专门的材质、摄像机和灯光。OC 材质需要配合 OC 灯光一起使用。

菜单栏下方是工具栏，包括 OC 渲染工具，每个工具的具体功能如图 1-6-9 所示。

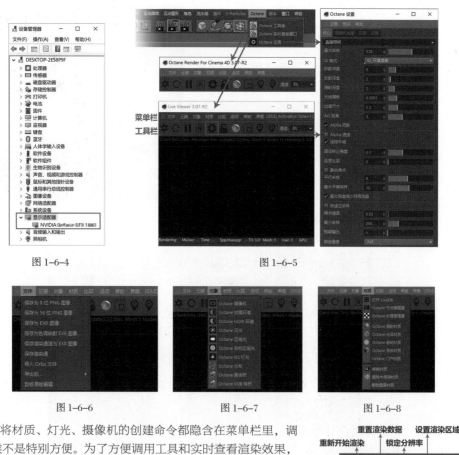

图 1-6-4　　　　　　　　　　　　　　　　图 1-6-5

图 1-6-6　　　　　　　　图 1-6-7　　　　　　　　图 1-6-8

OC 将材质、灯光、摄像机的创建命令都隐含在菜单栏里，调用的时候不是特别方便。为了方便调用工具和实时查看渲染效果，可以自定义一个 OC 布局。

在 C4D 菜单栏中单击"Octane>Octane 实时查看窗口"，打开实时查看窗口，拖曳 OC 菜单栏左边的方块 ，将窗口整个嵌入 C4D 界面中，如图 1-6-10 所示。

图 1-6-9

单击菜单栏中的"窗口 > 自定义布局 > 自定义面板"，如图 1-6-11 所示，调出自定义命令面板。自定义命令面板里包含了 C4D 及其插件的所有工具，单击"新建面板"，创建一个空白的工具面板；在下拉列表中找到 OC 的相关工具，将需要使用的工具拖曳到新建的空白工具面板中，完毕后拖曳新建工具面板左侧的虚线，将其嵌入界面适当的位置，如图 1-6-12 所示。如果想保留修改后的界面布局，可以单击菜单栏中的"窗口 > 自定义布局 > 另存布局为"，保存布局。

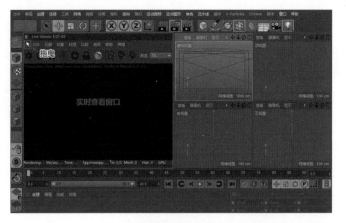

图 1-6-10

图 1-6-11

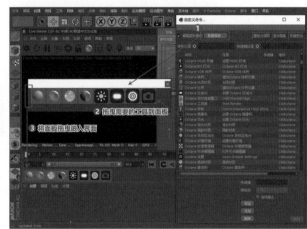

图 1-6-12

1.7　小结

　　本项目讲解了 C4D 的特点，在基本操作方面介绍了软件的整体界面布局和工具，以及基本的软件操作。在工程文件管理方面介绍了常用的文件操作、常用的系统设置和功能设置，在渲染器插件方面介绍了 Octane Render 渲染器的特点、安装环境和基本操作。

1.8　课后拓展

　　使用创建类工具组中的几何工具组创建一些基本几何体，在属性面板中尝试修改这些几何体对象的属性，并使用位移、旋转、缩放工具对这些几何体对象进行调整。

毕业设计展片花

2.1 项目描述

扫码观看视频

项目 2 为制作毕业设计展片花。这是在毕业设计影视作品展览中使用的宣传片段，插播在作品与作品之间,主要目的是宣传本次展览和间隔作品。这个片花由"设计学院标志"和"毕业设计展标志"的旋转变换与聚散变化组成，时长 5 秒，如图 2-1-1 所示。本项目将根据工作流程详细讲解整个片花动画的制作过程，从最基础的二维样条的绘制到三维标志模型的创建，从摄像机的设定到基础的动画制作，从灯光、材质的创建到渲染设置，为读者完整剖析项目制作技巧。

图 2-1-1

2.2 技能概述

通过本项目的制作与学习，读者可以解锁以下技能点。

建模	动画	灯光材质	渲染	合成
绘制样条	摄像机基础操作	灯光	天空	渲染输出设置
文本样条	位移 / 旋转动画	塑料材质	背景	AE 镜头组接与输出
挤压功能	了解父子级之间的动画关系		合成标签	
	隐藏 / 显示动画			

2.3 任务 1: 标志模型的制作

通过本任务的制作与学习，读者可以解锁以下技能点。

解锁技能点

绘制样条　　　　　　　　　　文本样条　　　　　　　　　　挤压建模

标志线条绘制　　　　　主标题文本样条制作　　　　标志模型制作

在项目 2 的"素材"文件夹里有两张图片，一张是"设计学院标志"，如图 2-3-1 所示；另一张是"毕业设计展'上品尚质'主题标志"，如图 2-3-2 所示。下面将用这两张素材图片，通过"画笔" 和"挤压" 工具，完成标志模型的制作。

图 2-3-1　　　图 2-3-2

2.3.1 设计学院标志模型的制作

在 C4D 中临摹绘制 "设计学院" 标志，便于创建标志的三维模型。

步骤1 新建空白场景并保存，在该场景中完成"设计学院"标志模型的制作。在菜单栏中单击"文件 > 新建"，再单击"文件 > 保存"，如图 2-3-3 所示，保存名为"设计学院标志"的 C4D 文件。

图 2-3-3

小提示

（1）新建项目时，建议创建独立的项目文件夹来归纳整理项目相关的各类文件，如图2-3-4上图所示。

（2）在保存C4D文件的文件夹内可以创建名为"tex"的文件夹，将需要用到的贴图文件预先保存在"tex"文件夹中，如图2-3-4所示。

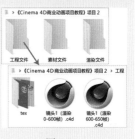

图 2-3-4

步骤2 将素材文件夹中的"设计学院"标志图片拖入 C4D 的正视图中，完成背景图片导入，如图 2-3-5 所示。正视图是无透视的平面视图，适合进行标志平面图形的样条绘制，通过样条创建模型的正面。

单击鼠标中键切换单视图与多视图。在视图窗口中单击"摄像机"，可选择该窗口显示的视图，如图 2-3-6 所示。

步骤3 在属性面板中单击"模式 > 视图设置 > 背景"，调整参数如图 2-3-7 所示，使背景图片中的

图 2-3-5

标志中心对齐世界坐标的 x、y 轴中心，如图 2-3-8 所示。背景图片也可以在此面板中导入。

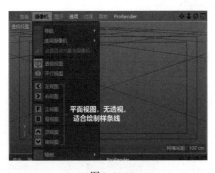

图 2-3-6

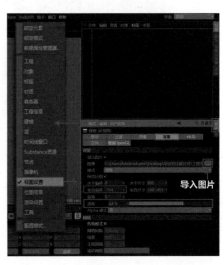

图 2-3-7

步骤4 描绘背景图中的标志造型，如图 2-3-9 所示。单击"工具栏 > 画笔"工具，该工具用于创建自由样条。在对象属性面板中选择"类型 > 贝塞尔"，如图 2-3-10 所示。使用贝塞尔画笔单击创建点，两点可生成一条直线。在正视图的背景图转角处单击创建样条节点，勾勒标志造型，如图 2-3-11 所示，然后单击创建的第一个点闭合路径。绘制过程中可按组合键"Ctrl+Z"撤销操作并返回上一节点，也可以

直接单击已经绘制的点移动调整。

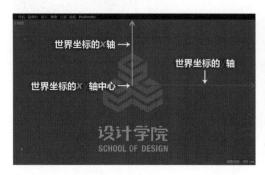
图 2-3-8

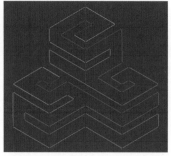
图 2-3-9

图 2-3-10

步骤5 在"视窗［正视图］"对象属性面板中，选择"背景"，取消勾选"显示图片"，如图 2-3-12 所示。

步骤6 单击"工具栏 > 挤压"工具 ，在对象列表中会出现"挤压"对象。在对象列表中将步骤4创建的"样条"对象拖曳到"挤压"对象上，作为"挤压"的子级。在对象列表里拖曳对象时，拖曳过程中鼠标指针会因为所指位置不同而呈现两种变化，当鼠标指针指向对象或对象名称时，其右侧会出现向下的箭头，此时释放，拖曳对象作为鼠标指针指向对象的子级；当鼠标指针指向对象与对象之间的位置时，其右侧会出现向左的箭头，此时释放，会把拖曳对象的层级调整到鼠标指针所在位置，如图 2-3-13 所示。

扫码观看视频

图 2-3-11

图 2-3-12

挤压工具可以将二维样条挤压成三维模型。在"拉伸对象［挤压］"的属性面板中设置挤压参数如图 2-3-14 所示。

作为对象的子集　　置于对象的下一层

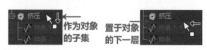
图 2-3-13

图 2-3-14

小提示

通过挤压工具创建的立体标志和立体文字，它们的封顶圆角效果产生的高光是体现立体感和质感的关键要素，如图 2-3-15 所示。

有倒角,有高光　　无倒角,无高光

图 2-3-15

步骤7 在对象列表中双击"挤压"，将其重命名为"设计学院"，如图 2-3-16 所示。

双击,重命名

图 2-3-16

2.3.2 上品尚质标志模型的制作

在 C4D 中临摹绘制"上品尚质"标志，便于创建标志的三维模型。

步骤 1 在菜单栏中单击"文件 > 新建"，再单击"文件 > 保存"，保存新建文件。下面将在这个新建的空白场景中完成"上品尚质"标志模型的制作。

步骤 2 将"上品尚质"标志图片拖入正视图，如图 2-3-17 所示。在属性面板中单击"模式 > 视图设置 > 背景"，修改"透明"参数为 50%，如图 2-3-18 所示。

步骤 3 单击"工具栏 > 画笔"工具，在属性面板中选择"类型 > 贝塞尔"，绘制"上"字的笔画"⊥"，如图 2-3-19 所示。绘制直线和尖角时，直接单击创建节点；绘制曲线时，单击创建点后不要松手，拖曳鼠标指针即可创建曲线，绘制过程中可使用节点上的手柄调节曲线造型，如图 2-3-20 所示。

图 2-3-17

图 2-3-18

图 2-3-19

步骤 4 绘制"品"字。先使用贝塞尔画笔沿"品"字直边绘制，如图 2-3-21 左图所示。单击"编辑模式工具栏 > 点编辑"工具，单击"工具栏 > 移动"工具，选中需要倒角的点，右击，执行"倒角"命令，按住鼠标左键横向拖曳鼠标指针，拖出圆角，如图 2-3-21 右图所示。

步骤 5 单击"工具栏 > 矩形"样条工具，如图 2-3-22 所示。创建两个矩形，右击，执行"转为可编辑对象"命令，如图 2-3-23 所示。工具栏中所有的预设样条，如图 2-3-24 所示，都需要"转为可编辑对象"才能使用点编辑模式进行修改。

图 2-3-20

图 2-3-21

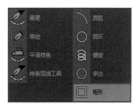

图 2-3-22

步骤 6 制作倒角，如图 2-3-25 所示。

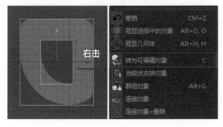

图 2-3-23

图 2-3-24

图 2-3-25

步骤 7 用贝塞尔画笔完成"质"和"尚"字的绘制。二维样条绘制完后还可以通过点模式工具 和移动工具 进行编辑、调整。

扫码观看视频

步骤 8 单击"工具栏 > 圆环"工具 ，创建圆环，单击"工具栏 > 移动"工具 ，移动对齐"上"字的圆点，在属性面板中调整圆环对象的半径尺寸，如图 2-3-26 左图所示；按住 Ctrl 键拖曳复制 2 个圆环，位置如图 2-3-26 右图所示。

步骤 9 单击"编辑模式工具栏 > 模型"工具 ，取消激活点模式，使用场景模型模式编辑。单击"工具栏 > 文本"样条工具 ，如图 2-3-27 所示，在属性面板中调整"文本对象 [文本] > 对象"的参数，创建英文文本，如图 2-3-28 所示。单击"工具栏 > 旋转"工具 ，按住 Shift 键将模型旋转 90°。

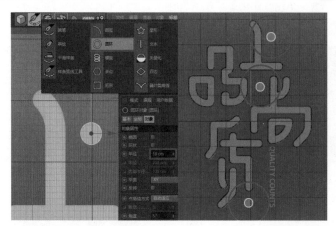

图 2-3-26

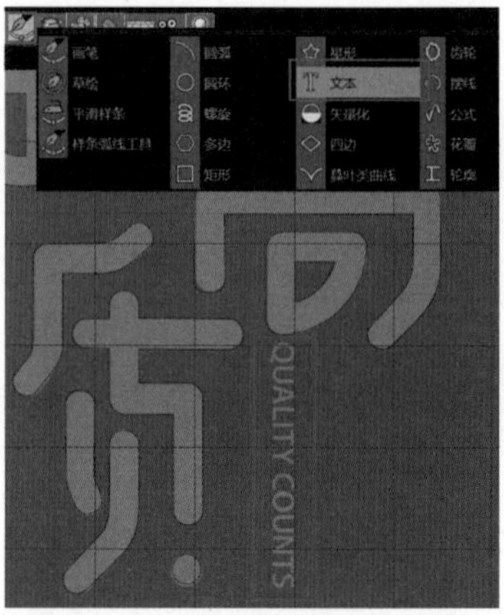

图 2-3-27

小提示

（1）使用旋转工具时按住 Shift 键，可以 10° 为单位递增旋转。必须要先旋转，再按 Shift 键。

（2）使用移动工具时按住 Shift 键，可以 10cm 为单位递增位移。必须要先移动，再按 Shift 键。

步骤 10 单击"工具栏 > 框选"工具 ，框选全部线条，如图 2-3-29 所示，右击，执行"群组对象"命令，在对象列表中会出现一个名为"空白"的群组对象，框选的线条已经成为其子级。双击"空白"对象，将其重命名为"上品尚质"，如图 2-3-30 所示。

步骤 11 整理"上品尚质"对象的样条子级，整合为每个字一个样条。在对象列表按 Ctrl 键加选或框选每个字的全部样条，右击，分别执行"连接对象 + 删除"命令，如图 2-3-31 所示，将它们分别命名如图 2-3-32 所示。

图 2-3-28

步骤 12 在菜单栏中单击"窗口"，如图 2-3-33 所示，打开之前制作的"设计学院标志"文件，选中所有标志模型，按组合键"Ctrl+C"执行复制命令；在菜单栏中单击"窗口"，选中当前场景文件，按组合键"Ctrl+V"执行粘贴命令，将标志模型粘贴到当前场景中，根据"设计学院"标志模型的大小和位置调整"上品尚质"标志的大小和位置，如图 2-3-34 所示。

图 2-3-29

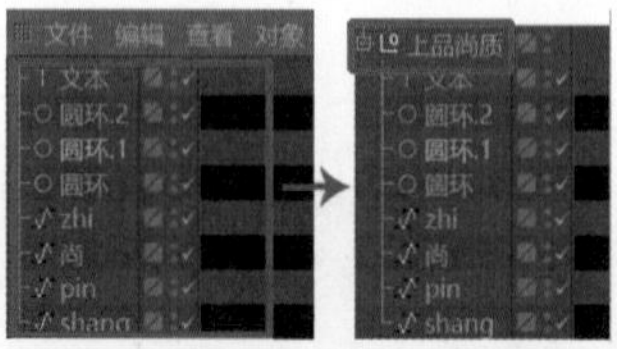

图 2-3-30

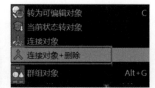

图 2-3-31

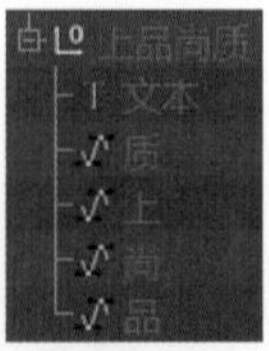

图 2-3-32

步骤 13 在对象列表中"设计学院"对象名称后面的隐藏／显示栏中，将控制编辑器是否可见的按钮单击为红色，在编辑器中隐藏模型，如图 2-3-35 所示。

图 2-3-36 所示对象名称后面的两个按钮分别代表编辑器和渲染器的可见状态，通过单击切换。

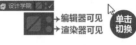

| 图 2-3-33 | 图 2-3-34 | 图 2-3-35 | 图 2-3-36 |

步骤 14 单击"工具栏＞挤压"工具，在对象列表中将"上品尚质"拖曳到"挤压"上，作为"挤压"的子级，在"拉伸对象［上品尚质］"的属性面板中设置"对象"和"封顶"的参数如图 2-3-37 所示，注意挤出厚度须与"设计学院"标志模型厚度一致，如图 2-3-38 所示。

图 2-3-37　　　　　　　　　　　　　　　　图 2-3-38

2.3.3　主标题模型的制作

在 C4D 中创建主标题的三维模型。

步骤 1 单击"工具栏＞文本"样条工具，创建文本，在"文本对象［文本］"的属性面板中设置"对象"的参数如图 2-3-39 所示。

扫码观看视频

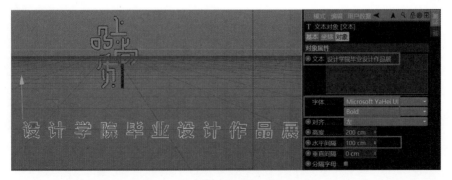

图 2-3-39

步骤2 单击"工具栏>挤压"工具，在对象列表中将文本对象拖曳到"挤压"对象上，作为"挤压"的子级，在"拉伸对象[底下文字]"的属性面板中设置"对象"和"封顶"的参数如图2-3-40、图2-3-41所示。双击"挤压"对象，将其重命名为"底下文字"。

图 2-3-40　　　　　　　　　　　　　　　　　图 2-3-41

步骤3 调整文本模型，使其对齐"上品尚质"标志模型，如图2-3-42所示。

步骤4 取消"设计学院"对象的隐藏，将其对齐"上品尚质"标志模型，如图2-3-43所示。

图 2-3-42　　　　　　　　　　　　　　图 2-3-43

2.4　任务2：动画的制作

通过本任务的制作与学习，读者可以解锁以下技能点。

解锁技能点

| 摄像机基础操作 | 位移动画 | 旋转动画 |
| 父子级之间的动画关系 | 模型隐藏/显示动画 | |

本任务主要制作标志模型入镜后，两个标志先旋转变换，再出镜的动画。

2.4.1　设定摄像机

在C4D中，每个视图窗口显示的都是由一个"默认摄像机"拍摄的内容，用于观察场景变化。但"默认摄像机"不便于进行机位的锁定和摄像机关键帧的设置，在项目制作中需要创建专用的摄像机。单击"工具栏>摄像机"工具并按住鼠标左键，弹出下拉菜单，里面有5种摄像机可以选择，如图2-4-1所示，其中的"摄像机"和"目标摄像机"比较常用。本项目使用"摄像机"工具。

步骤1 单击"工具栏>摄像机"工具，创建摄像机对象。摄像机会以当前透视视图窗口的视角作为摄像机的初始拍摄角度。

步骤2 在透视视图窗口中，单击"摄像机>使用摄像机>摄像机"，如图2-4-2所示，或在对象列表将摄像机对象的隐藏/显示栏中的单击为，如图2-4-3所示，将透视视图的显示内容改为"摄像机"的拍摄内容。

图 2-4-1

步骤3 在"摄像机对象[摄像机]"的属性面板中将摄像机的坐标位置和旋转参数全部设置为0。在参数的上下箭头位置右击，可归零参数，如图2-4-4所示。

图 2-4-2 图 2-4-3 图 2-4-4

步骤 4 在属性面板中单击"模式 > 视图设置 > 查看",调整参数如图 2-4-5 所示,显示标题安全框和动作安全框。

步骤 5 根据画面构图在属性面板中调整摄像机坐标位置,所有的元素都要安排在标题安全框内,如图 2-4-6 所示。在参数的上下箭头位置按住鼠标左键并拖曳可调整摄像机坐标位置,如图 2-4-7 所示。

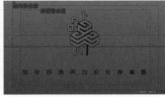

图 2-4-5 图 2-4-6 图 2-4-7

步骤 6 在时间轴上调整时间线总长度和显示长度为 120F,如图 2-4-8 所示。

拖曳调整时间线显示长度　　时间线总长度

图 2-4-8

2.4.2 制作设计学院标志模型入镜的动画

步骤 1 图 2-4-9 所示为以默认透视视图创建的摄像机视图,在另外 3 个视窗中选择一个作为透视视图,方便调整对象。

步骤 2 在编辑器中隐藏"上品尚质"对象,如图 2-4-10 ① 所示。

步骤 3 制作"设计学院"标志从镜头后面旋转入镜到镜头前定格的动画,需要两个关键帧(标志模型在镜头外和镜头前)。

在对象列表中单击"设计学院"对象,将时间指针 ▌ 拖曳第 30 帧;

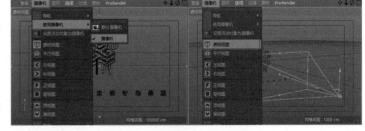

图 2-4-9

单击记录活动对象 ⊘,在第 30 帧生成关键帧 ,如图 2-4-10 ②③④所示。

步骤 4 将时间指针拖曳到第 0 帧,如图 2-4-10 ⑤所示。单击"工具栏 > 移动"工具 ✛,将标志模型移动到摄像机后面;单击"工具栏 > 旋转"工具 ⊘,旋转标志模型,如图 2-4-10 ⑥所示。单击记录活动对象 ⊘,在第 0 帧生成关键帧,如图 2-4-10 ⑦所示。播放动画,单击向前播放 ▶ 播放动画,单击 ⏸ 暂停播放动画。

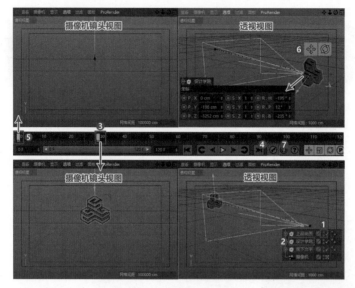

图 2-4-10

小提示

（1）帧是动画中的最小单位，在C4D的时间线（见图2-4-11）中，一个小格为一帧。关键帧是指动画的关键动作，关键帧与关键帧之间的动画由软件创建，叫作过渡帧或中间帧。

图 2-4-11

（2）单击记录活动对象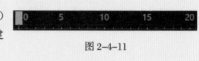，可以记录位移、缩放、旋转和活动对象的点级别动画。

2.4.3　制作主标题模型出现的动画

制作主标题模型（"底下文字"对象）出现的动画，需要两个关键帧（主标题模型不显示和显示）。

步骤1　选中主标题模型，将时间指针拖曳到第29帧，在"拉伸对象[底下文字]"的属性面板中选择"基本 > 编辑器可见 > 关闭"，单击左侧的灰色按钮，使其变为红色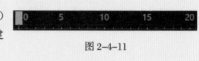，记录关键帧，如图2-4-12所示。

步骤2　将时间指针拖曳到第30帧，在"拉伸对象［底下文字］"的属性面板中选择"基本 > 编辑器可见 > 默认"，单击左侧的灰色按钮，使其变为红色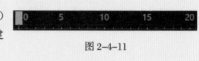，记录关键帧，如图2-4-12所示。

图 2-4-12

对象属性面板中很多参数左侧都有个灰色按钮 ◉，如图 2-4-13 所示，单击后会变成红色 ◉，即可记录当前参数关键帧。如坐标属性 P、S、R 分别代表对象的位移、缩放、旋转，X、Y、Z 分别代表 3 个轴向。用户可以通过改变参数并单击灰色按钮记录关键帧，实现位移、缩放、旋转动画，与记录活动对象 ◉ 功能一致。

图 2-4-13

2.4.4 制作两个标志模型旋转变换的动画

步骤 1 单击"工具栏 > 空白"工具 ▣，新建一个"空白"对象，将"设计学院"和"上品尚质"标志作为其子级，如图 2-4-14 所示。这样创建的群组的轴心是与世界坐标中心对齐的。

图 2-4-14

步骤 2 在对象列表中单击步骤 1 创建的群组，将时间指针拖曳到第 45 帧，单击记录活动对象 ◉ 创建关键帧。将时间指针拖曳到第 75 帧，单击"工具栏 > 旋转"工具 ◉，按住 Shift 键将模型沿着 Y 轴向旋转 180°，单击记录活动对象 ◉ 创建关键帧，如图 2-4-15 所示。播放动画进行测试。

步骤 3 在第 45 ~ 75 帧之间拖曳时间指针，发现模型在第 60 帧刚好旋转到 90°，如图 2-4-16 所示。

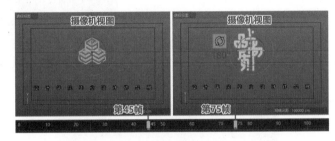

图 2-4-15

图 2-4-16

在对象列表中单击"空白"左侧的 ⊞ 打开其子级，将时间指针拖曳到第 60 帧，单击"设计学院"对象，在属性面板中单击"基本"，设置编辑器可见和渲染器可见为"默认"或"开启"，单击左侧的灰色按钮，使其变为红色，记录关键帧，如图 2-4-17 所示。

单击"上品尚质"对象，在属性面板中单击"基本"，设置编辑器可见和渲染器可见为"关闭"，单击左侧的灰色按钮，使其变为红色，记录关键帧。由于父级旋转 180° 后"尚品尚质"对象转成了背向镜头，要将它改成正面向镜头，在属性面板中单击"坐标"，修改"R.H"参数为 180。如图 2-4-18 所示。

步骤 4 将时间指针拖曳到第 61 帧，单击"设计学院"对象，在属性面板中单击"基本"，设置编辑器可见和渲染器可见为"关闭"，单击左侧的灰色按钮，使其变为红色，记录关键帧，如图 2-4-19 所示。单击"上品尚质"对象，在属性面板中单击"基本"，设置编辑器可见和渲染器可见为"默认"或"开启"，单击左侧的灰色按钮，使其变为红色，记录关键帧，如图 2-4-20 所示。播放动画进行测试。

图 2-4-17

图 2-4-18

图 2-4-19

场景中的父子级动画关系如图 2-4-21 所示。

图 2-4-20

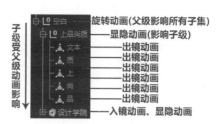

图 2-4-21

2.4.5 制作上品尚质标志模型出镜的动画

步骤1 使"上品尚质"模型中的文字各自成为独立对象。在对象列表中单击"上品尚质"对象，在属性面板中单击"封顶"，勾选"创建单一对象"，如图 2-4-22 所示。

步骤2 在对象列表中右击"上品尚质"对象，执行"转为可编辑对象"命令；也可以单击编辑模式工具栏中的"转为可编辑对象"，如图 2-4-23 所示，还可以通过按快捷键"C"将其转为可编辑对象。

步骤3 在对象列表中打开"上品尚质"对象子级，框选对象，在菜单栏中单击"网格 > 重置轴心 > 轴居中到对象"，使每个独立文字对象的轴心为自身中心点，如图 2-4-24 所示。

图 2-4-22

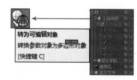

图 2-4-23

图 2-4-24

小提示

如果在操作过程中产生了多余的父级，可以通过右击，执行"删除（不包含子级）"命令进行删除，如图 2-4-25 所示。

图 2-4-25

步骤4 在对象列表中框选"上品尚质"对象下的所有文字模型（只选子级，不包括父级），将时间指针拖曳到第 85 帧，单击记录活动对象⊘创建关键帧。将时间指针拖曳到第 105 帧，将所有模型移到镜头后面，调整每个模型的位移和旋转角度，单击记录活动对象⊘创建关键帧，如图 2-4-26 所示。

步骤5 播放动画，发现文字的动作太统一。通过调整关键帧在时间线上的位置，来适当调整每个文字的出镜时间点和动作时长，

图 2-4-26

如图 2-4-27 所示。

图 2-4-27

2.5　任务 3：灯光、环境、材质的制作

通过本任务的制作与学习，读者可以解锁以下技能点。

解锁技能点		
💡 灯光的运用	🔴 塑料材质	🔴 塑料材质
🌐 渲染环境中天空的使用	📦 渲染中环境背景的使用	▶ 合成标签的使用

本任务将介绍使用 C4D 默认的材质、灯光和渲染器制作渲染效果。读者可掌握默认渲染器的使用流程和基本设置。

2.5.1　创建灯光与环境

步骤 1　单击"工具栏 > 灯光"工具💡，创建一盏灯。调整灯光位置如图 2-5-1 所示。灯光是点光源，灯光离对象越远，照亮的范围越大。C4D 系统预设了一个默认灯光，用于场景的基本照明。新建灯光后，该默认灯光自动关闭。

扫码观看视频

步骤 2　在属性面板中修改"灯光对象 [灯光] > 常规 > 投影"参数为"区域"，打开灯光投影，如图 2-5-2 所示。

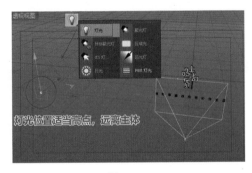

图 2-5-1

图 2-5-2

步骤 3　在工具栏中单击"天空"工具🌐，创建"天空"对象，如图 2-5-3 所示。

步骤 4　创建天空材质。在材质窗口的菜单栏中单击"创建 > 新材质"，创建新的材质球。材质球也可以通过双击材质窗口创建。双击材质球，进入材质编辑器，编辑器左边为材质特性选项，右边为所选特性的属性面板，如图 2-5-4 所示。单击"颜色 > 纹理"右侧的小三角形，单击"加

图 2-5-3

载图像"，选择项目 2"素材"文件夹里面的 HDR 文件。此时若弹出对话框提示"该图像位于工程搜索范围之外，这样可能导致渲染出错，是否在工程文件夹创建该文件的副本？"单击"否"，将直接使用该素材路径；单击"是"，软件则会自动在工程文件夹中生成一个 tex 文件夹，并将该文件复制入内。

步骤 5　将步骤 4 创建的材质球拖曳到对象列表中的"天空"对象上，如图 2-5-5 所示，将其作为

天空贴图。

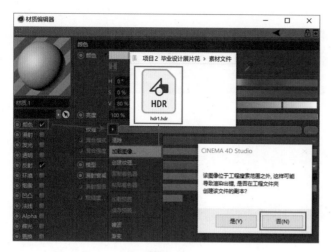

图 2-5-4

图 2-5-5

小提示

　　HDR 贴图可以无缝衔接，一般都是自然风光或室内环境，在 C4D 中主要作为环境背景或被渲染模型的照射及反射光源。HDR 文件可以用 Photoshop 打开，也可以用 HDR 查看器查看。

2.5.2　制作塑料材质

扫码观看视频

　　步骤 1　在材质窗口中单击"创建 > 新材质"，创建新的材质球。本项目用到的标志是有标准色的，为了得到精确的标志颜色，可以先打开设计学院标志图片，取消 C4D 软件窗口的最大化，双击材质球，选择颜色属性中的吸管，如图 2-5-6 所示。将吸管移到标志图片上，吸取图片中的橙色。材质颜色也可以通过单击颜色色块设置，如图 2-5-7 所示。

图 2-5-6

图 2-5-7

　　步骤 2　勾选"发光"，选择发光颜色属性中的吸管，吸取图片中的橙色，修改 V（明度）值为 35%，如图 2-5-8 所示。也可以将设置好的"颜色"选项的色块拖曳到"发光"选项色块上实现颜色复制，如图 2-5-9 所示。

图 2-5-8

图 2-5-9

步骤3 单击"反射 > 添加 > GGX",如图 2-5-10 所示;修改层 1 的参数为 11%,如图 2-5-11 所示,这个参数影响反射强度。选择"默认高光",按 Delete 键删除默认高光。

步骤4 将材质球从材质窗口拖曳到模型上,为模型添加材质,如图 2-5-12 所示。模型添加了材质后,对象列表中该对象的标签栏中会出现材质标签,如图 2-5-13 所示。也可以把材质球从材质窗口拖曳到对象列表中的对象上,以添加材质。

图 2-5-10

图 2-5-11

图 2-5-12

步骤5 在材质窗口中选中橙色材质球,按组合键"Ctrl+C"执行复制命令对其进行复制,按组合键"Ctrl+V"执行粘贴命令,得到一个橙色材质球副本。双击该材质球,修改颜色为白色,修改"V"值为 85%,如图 2-5-14 所示。

步骤6 将白色塑料材质拖曳到对象列表中的"上品尚质"和"底下文字"对象上,如图 2-5-15 所示。

图 2-5-13

图 2-5-14

图 2-5-15

如果反射材质的亮度不够或曝光过度,使用旋转工具旋转天空,通过改变反射环境来调整材质效果。

步骤7 调整天空贴图颜色。双击天空材质球,选择"颜色 > 纹理 > 添加过滤 > 过滤 > 饱和度"选项,修改"饱和度"参数为 -100%,如图 2-5-16 所示。

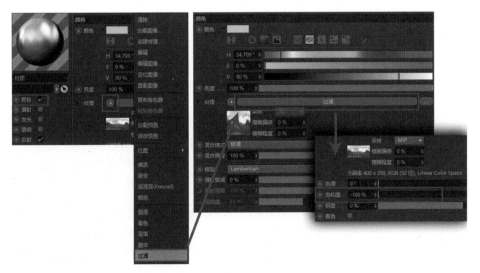

图 2-5-16

2.5.3　隐藏镜头中的天空

在本项目中，天空是为了营造一个丰富的渲染环境而存在的，但不需要渲染出来。在对象列表中选中"天空"，右击，执行 CINEMA 4D 标签 > 合成"命令，如图 2-5-17 所示；在"合成标签 [合成]"的属性面板中单击"标签"，取消勾选"摄像机可见"，如图 2-5-18 所示。

图 2-5-17

图 2-5-18

2.5.4　制作环境背景

步骤 1　单击"工具栏 > 背景"工具，如图 2-5-19 所示，创建背景。

步骤 2　在材质窗口中单击"创建 > 新材质"，新建材质球，设定颜色为黑色，如图 2-5-20 所示。

步骤 3　将黑色材质球拖曳到对象列表中的"背景"对象上，作为背景贴图，如图 2-5-21 所示。

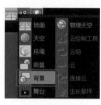

图 2-5-19

图 2-5-20

图 2-5-21

2.6　任务 4：渲染与合成

通过本任务的制作与学习，读者可以解锁以下技能点。

解锁技能点	
C4D 输出渲染设置	Ae AE 镜头组接与输出

本任务将介绍使用 C4D 渲染输出时的设置、在 AE 中组接镜头和输出影片。

2.6.1　渲染输出

步骤 1　单击"工具栏 > 编辑渲染设置"工具，"渲染器"选择"物理"，单击"输出"，设置预设尺寸和帧范围如图 2-6-1 所示。1280×720 是高清尺寸，也可以根据需要设置为 1920×1080 全高清尺寸。

步骤 2　单击"保存"，设置渲染文件保存路径，设置格式为"PNG"（PNG 序列图）、深度为"16 位 / 通道"，如图 2-6-2 所示。

扫码观看视频

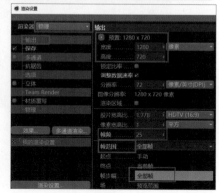

图 2-6-1

步骤3 单击"物理"，设置采样品质为"中"，如图2-6-3所示。

步骤4 单击"效果"，添加"全局光照"和"环境吸收"，如图2-6-4所示。

图2-6-2

图2-6-3

图2-6-4

步骤5 关闭渲染设置面板，单击"工具栏＞渲染到图片查看器"工具，进行渲染。

2.6.2 成片后期合成

步骤1 打开AE，在菜单栏中单击"编辑＞首选项＞导入"，如图2-6-5所示。设置导入文件帧频为"25帧/秒"，如图2-6-6所示。

扫码观看视频

图2-6-5

图2-6-6

步骤2 双击项目面板，选择渲染文件夹，选择第一张序列图，勾选"PNG序列"，单击"导入"，如图2-6-7所示。

步骤3 将已经导入的文件从项目面板拖曳到新建合成图标上，如图2-6-8所示。

步骤4 在菜单栏中单击"文件＞导出＞添加到渲染队列"，如图2-6-9所示。设置渲染输出的文件夹，单击"保存"，如图2-6-10所示。

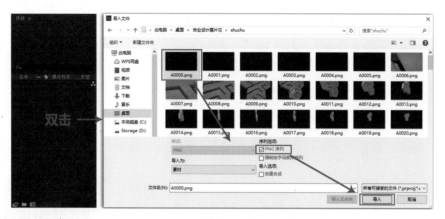

图 2-6-7

图 2-6-8　　　　　　　　　　图 2-6-9　　　　　　　　　　图 2-6-10

步骤 5　在渲染队列面板中选择"输出模块"，具体设置如图 2-6-11 所示，这个设置是输出 H264 数字视频压缩格式。

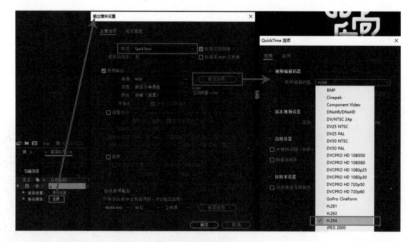

图 2-6-11

步骤 6　在渲染队列面板中单击 "渲染"输出影片，如图 2-6-12 所示。

图 2-6-12

2.7　小结

　　本项目在建模方面主要讲解了用二维样条与挤出工具制作三维模型的技巧，在动画方面主要讲解了基本的位移、旋转、显隐动画的制作技巧，在材质方面主要讲解了塑料材质的制作和灯光、环境与材质效果的配合。最后讲解了 C4D 的渲染、输出设置，以及在 AE 中组接与输出镜头。

扫码观看视频

2.8　课后拓展

　　本项目中，设计学院标志的入镜动画具有一定的镜头空间感，但变化比较单一，尝试为设计学院标志的入镜动画制作碎块聚合效果，如图 2-8-1 所示。

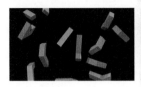

图 2-8-1

小提示

　　（1）每个碎块的二维样条要单独绘制，如图 2-8-2 所示。

　　（2）开始关键帧处碎块分布在摄像机后面，如图 2-8-3 所示。聚合动画参考"上品尚质"文字分散动画的反向操作。

图 2-8-2

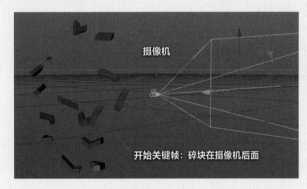

图 2-8-3

　　（3）所有碎块只完成聚合动画，不参与旋转动画，碎块聚合成设计学院标志后马上隐藏，紧接着的标志旋转动画由完整的标志模型完成，如图 2-8-4 所示。

图 2-8-4

03

水晶球音乐盒动画

3.1 项目描述

项目 3 为制作水晶球音乐盒动画。本项目是一个水晶球音乐盒的展示动画，整体效果如图 3-1-1 所示。本项目将根据工作流程详细讲解从建模到动画的制作过程，制作的模型包括旋转底座及底座上的小配饰、城堡、云朵、气球等，动画主要包括城堡、底座等不同部件的自转动画。

扫码观看视频

3.2 技能概述

通过本项目的制作与学习，读者可以解锁以下技能点。

图 3-1-1

建模		灯光材质	动画	渲染
球体对象	融球功能	区域光	摄像机保护	采样、抗锯齿设置
圆柱对象	细分曲面	灯光目标	自转动画	
立方体对象	克隆功能	塑料材质	振动动画	
管道对象	点模式下的基础建模	金属材质		
扫描功能	边模式下的基础建模	玻璃材质		
晶格功能	多边形模式下的基础建模	多边选集材质		

3.3 任务 1：水晶球音乐盒模型的制作

通过本任务的制作与学习，读者可以解锁以下技能点，并完成水晶球音乐盒模型的制作，如图 3-3-1 所示。

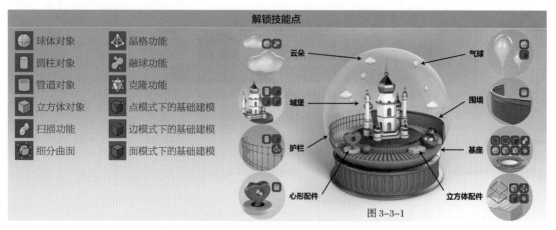

图 3-3-1

水晶球音乐盒模型根据旋转动画的独立与从属关系，由底座、旋转底座（包括基座、护栏、围墙、立方体配件、心形配件等）、城堡、云朵、气球等组成。本任务在底座模型的基础上，依次完成基座、护栏、围墙、立方体配件、心形配件、玻璃罩、云朵、气球、城堡模型的制作。

3.3.1　旋转底座——基座底部（配件1）模型的制作

音乐盒旋转底座包括基座底部和基座配件两部分，其中基座底部由配件1、配件2、配件3组成，具体模型效果和模型结构示意图如图 3-3-2 所示。

下面完成旋转底座的基座底部（配件1）的模型制作，配件1是一个一体成型的模型，模型效果如图 3-3-3 所示。

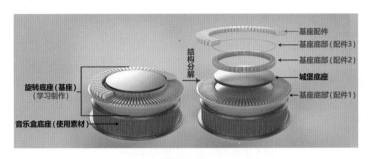

图 3-3-2　　　　　　　　　　　　　　　　　　图 3-3-3

步骤 1　在菜单栏中单击"文件 > 打开"，打开项目 3 "素材"文件夹中的"水晶球音乐盒底座"C4D 文件，该文件中已经有一个名为"水晶球底座"的对象。接下来的步骤均在这个文件中完成，单击"工具栏 > 球体"工具，创建一个球体，修改属性面板中的"球体对象 [球体] > 对象 > 半径"参数为 240cm、"分段"参数为 80，修改属性面板中的"球体对象 [球体] > 坐标 >P.Y"（y 轴位置）参数为 250cm，如图 3-3-4 所示。

在透视视图窗口中选择"显示 > 光影着色（线条）"和"线框"选项，如图 3-3-4 所示。在正视图、左视图或右视图窗口中选择"显示 > 线框"选项，以便更好地观察模型的分段数。

步骤 2　选中"球体"对象，右击，执行"转为可编辑对象"命令，如图 3-3-5 所示。也可以选中"球体"后按快捷键"C"实现"转为可编辑对象"。注意快捷键必须在英文输入法下使用。

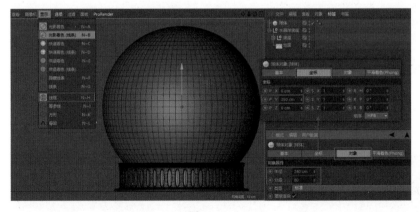

图 3-3-4　　　　　　　　　　　　　　　　　　图 3-3-5

步骤 3　单击"编辑模式工具栏 > 多边形模式"工具，单击"工具栏 > 框选"工具，在正视图、左视图或右视图窗口中框选球体上部分的面，如图 3-3-6 黄色激活部分所示，按 Delete 键删除所选面，右击，执行"优化"命令，优化多余点的结构，如图 3-3-7 所示。

步骤 4　在点模式、线模式或多边形模式下，单击"工具栏 > 移动"工具，右击，执行"封闭多边形孔洞"命令，单击需要封闭的孔洞的边缘，封闭多边形孔洞，为半球创建一个截面，如图 3-3-8 所示。

图 3-3-6　　　　　　　　　　　　　　　　　　图 3-3-7

步骤 5　单击"编辑模式工具栏 > 边模式"工具 ，按快捷键"U"后按快捷键"L"调出循环选择工具，如图 3-3-9 所示，单击选中截面边缘线。如果出现边缘线选择不完整的情况，如图 3-3-10 所示，移动鼠标指针，将其放在不同的边缘位置，使边缘线选择完整，如图 3-3-11 所示。

图 3-3-8

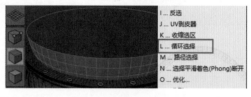

图 3-3-9

右击，执行"倒角"命令，或按快捷键"M"后按快捷键"S"调出倒角工具，如图 3-3-12 所示。通过在视窗空白处按住鼠标左键并向右拖曳创建倒角，属性面板中的"倒角 > 工具选项 > 偏移"参数会随着鼠标指针的拖曳而变化，当"偏移"参数变为 2cm 时，停止拖曳，这样操作可以较为直观地观察倒角效果；也可以直接在属性面板中修改"倒角 > 工具选项 > 偏移"参数为 2cm，修改"细分"参数为 5，如图 3-3-13 所示。

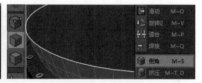

图 3-3-10　　　　　　　　　　图 3-3-11　　　　　　　　　　图 3-3-12

步骤 6　单击"编辑模式工具栏 > 多边形模式"工具 ，选中球体截面，如图 3-3-14 所示，右击，执行"内部挤压"命令；在属性面板中修改"内部挤压 > 偏移"参数为 80cm，如图 3-3-15 所示。

图 3-3-13　　　　　　　　　　　　　　　　　图 3-3-14

步骤 7　右击，执行"循环选择"命令，或按快捷键"U"后按快捷键"L"调出循环选择工具，将鼠标指针移到上一个步骤挤出的一圈圆环状的面上，如图 3-3-16 所示，单击选中这一圈面；右击，执行"内部挤压"命令，在属性面板中修改"内部挤压 > 偏移"参数为 2cm，如图 3-3-17 所示。

图 3-3-15　　　　　　　　　　　　　　　　　　　图 3-3-16

步骤 8　在步骤 7 内部挤压出的面还处于选中状态时，右击，执行"挤压"命令，如图 3-3-18 所示。在视窗空白处按住鼠标左键并向右拖曳创建挤压的厚度，在属性面板中修改"挤压 > 偏移"参数为 2cm，这样操作可以精确挤压出 2cm 的厚度，再次按住并拖曳创建挤压的厚度，在属性面板中修改"挤压 > 偏移"参数为 2cm，再重复操作一次，一共挤出 3 层，如图 3-3-19 所示。

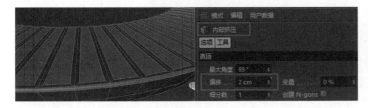

图 3-3-17　　　　　　　　　　　　　　　　　　　图 3-3-18

步骤 9　单击"编辑模式工具栏 > 模型"工具，使用场景模型模式编辑，该模式是默认的模式，当不需要对模型进行点、线或多边形编辑时，建议单击"模型"工具，取消激活点、线或多边形的编辑状态。

步骤 10　单击"工具栏 > 细分曲面"工具，对象列表中会出现"细分曲面"对象，在对象列表里把以上步骤完成的模型"球体"拖曳到"细分曲面"上，如图 3-3-20 所示，当鼠标指针右侧出现一个向下的箭头时，停止拖曳并释放鼠标，"球体"对象就成了"细分曲面"对象的子级。在对象列表中双击"细分曲面"对象，将其重命名为"底部（配件 1）"。在属性面板中修改"细分曲面［底部（配件 1）］>对象 > 编辑器细分"参数为 2cm，"渲染器细分"参数为 3，如图 3-3-21 所示。

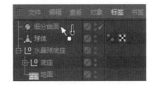

图 3-3-19　　　　　　　　　　　　　　　　　　　图 3-3-20

细分曲面工具可以使子级表面平滑并增加细分数。属性面板中对象属性的编辑器细分和渲染器细分的参数数值越大，物体的表面就越光滑。这两个参数分别影响视窗显示和渲染的效果。图 3-3-21 所示视窗中的模型表面还不够平滑，这是因为其编辑器细分参数只有 2，编辑器细分参数越大越占内存，所以满足操作的显示需要即可；图 3-3-22 所示模型的渲染器细分参数是 3，渲染后的模型表面比较平滑，渲染器细分参数越大，模型表面的精细度越高，渲染的时间越长。

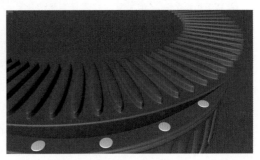

图 3-3-21　　　　　　　　　　　　　　　　　　　图 3-3-22

3.3.2　城堡——城堡底座模型的制作

城堡底座模型是一个扁的圆柱体，如图 3-3-2 所示。单击"工具栏 > 圆柱"工具 ，创建一个圆柱，在属性面板中修改"圆柱对象 [圆柱] > 对象 > 半径"参数为 127cm，"高度"参数为 30cm、"旋转分段"参数为 200；修改"坐标 >P.Y"（*y* 轴位置）参数为 140cm；勾选"封顶 > 圆角"，修改"分段"参数为 4、"半径"参数为 1cm，如图 3-3-23 所示。在对象列表中双击"圆柱"对象，将其重命名为"城堡底座"，如图 3-3-24 所示。

图 3-3-23

图 3-3-24

3.3.3　旋转底座——基座底部（配件 2）模型的制作

基座底部（配件 2）是一个由多个方形管道排成圆环形的模型，如图 3-3-25 所示。方形管道造型如图 3-3-26 所示。它与已经完成的基座底部（配件 1）和城堡底座模型结合的效果如图 3-3-27 所示。

图 3-3-25

图 3-3-26

图 3-3-27

步骤 1　制作方形管道造型，如图 3-3-26 所示。单击"工具栏 > 矩形"工具 ，创建一个矩形，如图 3-3-28 所示。修改属性面板中的"矩形对象 [矩形] > 对象 > 宽度"参数为 17cm、"高度"参数为 17cm，勾选"圆角"，修改"半径"参数为 3cm，如图 3-3-29 所示。

步骤 2　单击"工具栏 > 圆环"工具 ，创建一个圆环，如图 3-3-28 所示。修改属性面板中的"圆环对象 [圆环] > 对象 > 半径"参数为 2cm，如图 3-3-30 所示。

图 3-3-28

图 3-3-29

图 3-3-30

步骤 3　单击"工具栏 > 扫描"工具 ，如图 3-3-31 所示。对象列表中会出现"扫描"对象，在对象列表里把步骤 1、2 创建的"矩形"和"圆环"对象拖曳到"扫描"对象上，作为"扫描"对象的子级，如图 3-3-32 所示。注意两个子级对象的层级关系，"矩形"在"圆环"的下层。

扫描工具可以将一个二维样条的形状作为截面，将另一个二维样条的形状作为路径，使截面形状沿着路径形状生成三维模型。

图 3-3-31   图 3-3-32

注意，扫描工具的子级只能是两个样条；上层子级样条为截面，下层子级样条为路径。现在将生成的方形管道模型作为一个小配件，其表面无需太过精细。扫描生成的模型的精度调整关键在于子级对象样条的点插值数量。在对象列表中单击"圆环"对象，修改属性面板中的"圆环对象［圆环］>对象 > 点插值方式"参数为"统一"、"数量"参数为 4，如图 3-3-33 所示。

步骤 4　在菜单栏中单击"运动图形 > 克隆" ，对象列表中会出现"克隆"对象，在对象列表里把步骤 3 创建的"扫描"对象拖曳到"克隆"对象上，作为"克隆"对象的子级；在对象列表中选中"克隆"对象，修改属性面板中的"克隆对象［克隆］>对象 > 模式"参数为"放射"、"数量"参数为 160、"半径"参数为 116cm、"平面"参数为 ZY；在视图中，沿 y 轴方向适当移动"克隆对象"，观察克隆效果，如图 3-3-34 所示。

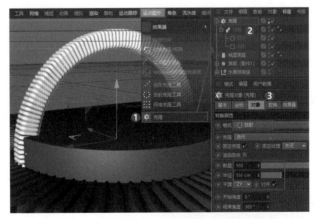

图 3-3-33   图 3-3-34

修改属性面板中的"克隆对象［克隆］>坐标 >R.B"（z 轴方向旋转）参数为 -90°、"P.Y"（y 轴位置）参数为 135cm（详见本小节"小提示"），或按图 3-3-35 所示的效果在视窗中移动调整"克隆"对象的位置。

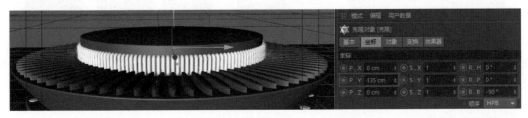

图 3-3-35

本项目中"克隆"对象的位置参数是基于其子级"扫描"对象的子级"矩形"对象的P.Y参数0设置的。如果在之前操作中调整过"矩形"对象的P.Y参数，也就是在y轴方向移动过该对象，会影响其父级"克隆"对象的坐标，可将"矩形"对象的坐标参数归零；或不按教材所给参数，按图3-3-35所示的效果在视窗中移动调整"克隆"对象的位置。

"克隆"对象的坐标不会被第一顺序子级的坐标影响，如图3-3-36所示，无论"克隆"对象的第一顺序子级是"球体"类的预设模型对象，还是"扫描"这类的生成器对象，都不会影响父级"克隆"对象的坐标。但"克隆"对象的坐标会受第二顺序子级对象的坐标影响，因为图3-3-37所示的"生成器"对象的坐标都会被子级的坐标影响，所以如果"克隆"对象的第一顺序子级是"生成器"对象，"克隆"对象的坐标就会被"生成器"的子级坐标影响。

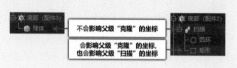

图3-3-36　　　　　　　　　　　　　　　　　图3-3-37

步骤5　在对象列表中双击"克隆"对象，将其重命名为"底部（配件2）"，如图3-3-38所示。

图3-3-38

3.3.4　旋转底座——基座底部（配件3）模型的制作

基座底部（配件3）是一个由多个小圆球排成圆环形的模型，它与已经完成的基座底部（配件1）、基座底部（配件2）和城堡底座模型结合的效果如图3-3-39所示。

步骤1　单击"工具栏 > 球体"工具，创建一个球体。修改属性面板中的"球体对象 [球体] > 对象 > 半径"参数为1.5cm、"分段"参数为12，如图3-3-40所示。

图3-3-39

步骤2　因为"底部（配件3）"和"底部（配件2）"的排列结构和数量都一样，所以在对象列表中单击第3.3.3小节完成的克隆对象"底部（配件2）"，按住Ctrl键拖曳复制出"底部（配件2）.1"，将其重命名为"底部（配件3）"，删除其子级"扫描"，在对象列表中把步骤1创建的"球体"对象拖曳到"底部（配件3）"上，使"球体"作为"底部（配件3）"的子级，形成一个由160个小球排成的圆环形克隆对象，如图3-3-41所示。

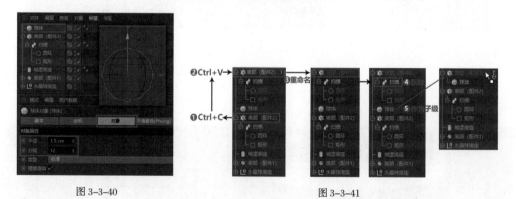

图3-3-40　　　　　　　　　　　　图3-3-41

步骤3　修改属性面板中的"克隆对象 [底部（配件3）] > 对象 > 半径"参数为123cm、"坐标 > P.Y"参数为147cm、"R.B"参数为 -90°，如图3-3-42所示。

步骤4 在对象列表中框选或按住 Ctrl 键的同时选中"底部（配件1）""底部（配件2）"和"底部（配件3）"，按组合键"Alt+G"将它们编组为"空白"对象，双击"空白"对象，将其重命名为"基座底部"，如图 3-3-43 所示。

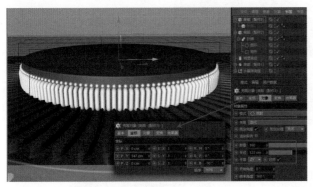

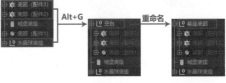

图 3-3-42　　　　　　　　　　　　　　　图 3-3-43

3.3.5 旋转底座——基座配件模型的制作

扫码观看视频

基座配件是一个由多个立方体排成半圆环形的模型，如图 3-3-44 所示。它与已经完成的基座底部和城堡底座模型结合的效果如图 3-3-45 所示。

步骤1 单击"工具栏 > 立方体"工具，创建一个立方体。修改属性面板中的"立方体对象 [立方体] > 对象 > 尺寸.X"参数为 13cm、"尺寸.Y"参数为 15cm、"尺寸.Z"参数为 50cm，勾选"圆角"，修改"圆角半径"参数为 3cm、"圆角细分"参数为 5，如图 3-3-46 所示。

图 3-3-44

步骤2 在菜单栏中单击"运动图形 > 克隆"，如图 3-3-47 所示，对象列表中会出现"克隆"对象，在对象列表里把步骤1创建的"立方体"对象拖曳到"克隆"对象上，作为"克隆"对象的子级；在对象

图 3-3-45

列表中单击"克隆"对象，修改属性面板中的"克隆对象 [克隆] > 对象 > 模式"参数为"放射"、"数量"参数为 35、"半径"参数为 167cm、"平面"参数为 XZ、"开始角度"参数为 0°、"结束角度"参数为 220°，如图 3-3-48 所示。在视图中，沿 y 轴方向适当移动"克隆"对象，观察克隆效果。

修改属性面板中的"克隆对象 [克隆] > 坐标 > P.Y"（y 轴位置）参数为 138cm，或按图 3-3-49 所示的效果在视窗中移动调整"克隆"对象的位置。双击"克隆"对象，将其重命名为"基座配件"，如图 3-3-50 所示。

3.3.6 旋转底座——护栏模型的制作

护栏模型效果如图 3-3-51 所示。它与已经完成的基座底部、配件和城堡底座模型结合的效果如图 3-3-52 所示。

步骤1 单击"工具栏 > 圆柱"工具，创建一个圆柱，适当调整圆柱在 y 轴方向的位置，如图 3-3-53 所示，方便观察其外观变化。修改属性面板中的"圆柱对象 [圆柱] > 对象 > 半径"参数为 199cm、"高度"参数为 60cm、"高度分段"参数为 1、"旋转分段"参数为 20，如图 3-3-53 所示。

图 3-3-46

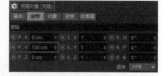

图 3-3-47　　　　　　　　　　　图 3-3-48　　　　　　　　　　　图 3-3-49

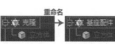

图 3-3-50　　　　　　　　　　图 3-3-51　　　　　　　　　　图 3-3-52

　　修改属性面板中的"圆柱对象［圆柱］＞切片＞起点"参数为 0°、"终点"参数为 90°，勾选"切片"，如图 3-3-54 所示。

图 3-3-53　　　　　　　　　　　　　　　　　图 3-3-54

　　步骤 2　在对象列表中单击"圆柱"，按快捷键"C"将圆柱转为可编辑对象，如图 3-3-55 所示。

　　步骤 3　单击"编辑模式工具栏＞点模式"工具 ，单击"工具栏＞框选"工具 ，框选图 3-3-56 所示的两个点后删除。

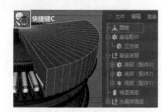

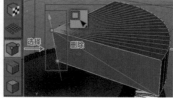

图 3-3-55　　　　　　　　　　　　图 3-3-56

　　步骤 4　修改属性面板中的"多边形对象［圆柱］＞坐标＞P.Y"（y 轴位置）参数为 157cm，如图 3-3-57 所示；或按图 3-3-56 所示的效果在视窗中移动调整其位置。

　　步骤 5　单击"编辑模式工具栏＞线模式"工具 ，右击，执行"循环／路径切割"命令或按快捷键"K"和快捷键"L"，将鼠标指针移到圆柱 y 轴方向的其中一条分段线上，模型上会出现一条橙黄色的切割线，移

图 3-3-57

动鼠标指针，使切割线在模型高度大约 1/3 处，单击，确定切割，如图 3-3-58 所示。单击"编辑模式工具栏 > 模型"工具，使用场景模型模式进行编辑。

图 3-3-58

步骤 6　单击"工具栏 > 晶格"工具，如图 3-3-59 所示。对象列表中会出现"晶格"对象，在对象列表里把步骤 1 ~ 5 创建的"圆柱"对象拖曳到"晶格"对象上，作为"晶格"对象的子级，如图 3-3-60 所示。修改属性面板中的"晶格［晶格］> 对象 > 圆柱半径"参数为 1cm、"球体半径"参数为 3cm、"细分数"参数为 12，如图 3-3-60 所示。

双击"晶格"对象，将其重命名为"护栏"，如图 3-3-61 所示。

图 3-3-59　　　　　　　　　图 3-3-60　　　　　　　　　图 3-3-61

3.3.7　旋转底座——围墙模型的制作

围墙模型效果如图 3-3-62 所示。它与其他已经完成的模型结合的效果如图 3-3-63 所示。

步骤 1　单击"工具栏 > 管道"工具，如图 3-3-64 所示，创建一个管道。适当调整管道在 y 轴方向的位置，如图 3-3-65 所示，方便观察其外观变化。修改属性面板中的"管道对象［管道］> 对象 > 内部半径"参数为 196cm、"外部半径"参数为 201cm、"旋转分段"参数为 60、"封顶分段"参数为 1、"高度"参数为 60cm、"高度分段"参数为 1；勾选"圆角"，修改"分段"参数为 6、"半径"参数为 2cm，如图 3-3-65 所示。

扫码观看视频

图 3-3-62　　　　　　图 3-3-63　　　　　　　　图 3-3-64

步骤 2　修改"坐标 > P.Y"（y 轴位置）参数为 155cm、或按图 3-3-66 所示的效果在视窗中移动调整"管道"对象的位置。

图 3-3-65

图 3-3-66

步骤 3 修改"切片 > 切片"为勾选状态。"起点"参数为 –123°、"终点"参数为 1°。或按图 3-3-67 所示的效果调整"起点"参数。

步骤 4 单击"工具栏 > 移动"工具 ✥，或按快捷键"E"调出移动工具，单击"管道"对象，在视图窗口中按住 Ctrl 键沿 y 轴方向移动"管道"对象；或者在对象列表中单击"管道"对象并按住 Ctrl 键进行拖曳，复制出"管道"对象的副本"管道.1"对象，如图 3-3-68 所示。

图 3-3-67

图 3-3-68

步骤 5 修改属性面板中的"管道对象 [管道.1] > 对象 > 高度"参数为 10cm；修改"坐标 > P.Y"参数为 190cm，或按图 3-3-69 所示的效果在视窗中移动调整"管道.1"对象的位置。

图 3-3-69

步骤 6 在对象列表中按住 Ctrl 键的同时选中"管道"和"管道.1"对象，按组合键"Alt+G"将它们编组为"空白"对象，双击"空白"对象，将其重命名为"围墙"，如图 3-3-70 所示。

图 3-3-70

3.3.8 立方体配件模型的制作

立方体配件模型效果如图 3-3-71 所示。它在音乐盒模型中的位置效果如图 3-3-1 所示。

步骤 1 单击"工具栏 > 立方体"工具，创建一个立方体。修改属性面板中的"立方体对象 [立方体] > 对象 > 尺寸 .X"参数为 30cm、"尺寸 .Y"参数为 15cm、"尺寸 .Z"参数为 50cm、"分段 X"参数为 4、"分段 Y"参数为 2、"分段 Z"参数为 6，如图 3-3-72 所示。修改"坐标 > P.X"参数为 –150cm、"P.Y"参数为 138cm、"P.Z"参数为 –45cm 或按图 3-3-73 所示的效果在视窗中移动调整"立方体"对象的位置。

图 3-3-71

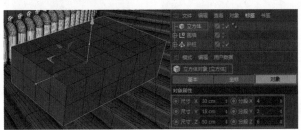

图 3-3-72 　　　　　　　　　　　　　　　图 3-3-73

步骤 2 按快捷键"C"将"立方体"转为可编辑对象，如图 3-3-74 所示。

步骤 3 单击"编辑模式工具栏 > 多边形模式"工具，按组合键"Ctrl+A"选中全部的面，如图 3-3-75 所示。右击，执行"内部挤压"命令，在属性面板中修改"内部挤压 > 偏移"参数为 0.5cm，如图 3-3-76 所示。

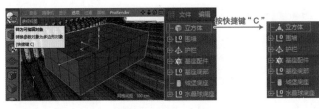

图 3-3-74 　　　　　　　　　　　　　　　图 3-3-75

步骤 4 右击，执行"挤压"命令，如图 3-3-77 所示。在属性面板中修改"挤压 > 偏移"参数为 0.5cm。在视窗空白处按住鼠标左键并向右拖曳创建新的挤压面，修改属性面板中的"挤压 > 偏移"参数为 0.1cm，如图 3-3-78 所示。单击"模型"工具，使用场景模型模式进行编辑。

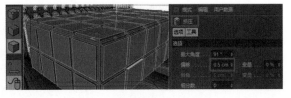

图 3-3-76 　　　　　　　　　　　　　　　图 3-3-77

步骤 5 单击"工具栏 > 细分曲面"工具，对象列表中会出现"细分曲面"对象，在对象列表里把步骤 1 ~ 步骤 4 创建的"立方体"对象拖曳到"细分曲面"上，使"立方体"对象成为"细分曲面"对象的子级，如图 3-3-79 所示。

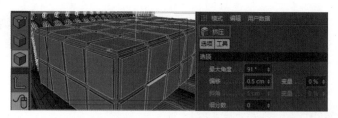

图 3-3-78　　　　　　　　　　　　　　　　　　　　　　　图 3-3-79

步骤 6　单击"工具栏 > 立方体"工具，创建一个立方体。修改属性面板中的"立方体对象［立方体］>
对象 > 尺寸 .X"参数为 20cm、"尺寸 .Y"参数为 20cm、"尺寸 .Z"参数为 20cm，适当调整"立方体"
对象的位置，如图 3-3-80 所示。

步骤 7　单击"工具栏 > 晶格"工具，在对象列表里把步骤 6 创建的"立方体"对象拖曳到"晶格"
对象上，作为"晶格"对象的子级；修改属性面板中的"晶格［晶格］> 对象 > 圆柱半径"参数为 0.5cm、
"球体半径"参数为 0.5cm、"细分数"参数为 12，如图 3-3-81 所示。

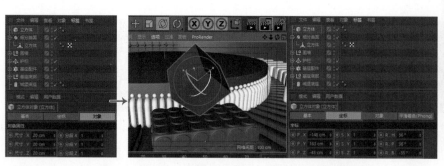

图 3-3-80　　　　　　　　　　　　　　　　　　　　　　　图 3-3-81

步骤 8　在对象列表中按住 Ctrl 键选中步骤 1～步
骤 7 创建的"晶格"和"细分曲面"对象，按组合键"Alt+G"
将它们编组为"空白"对象，双击"空白"对象，将其重
命名为"立方体配件"，如图 3-3-82 所示。

3.3.9　心形配件模型的制作

心形配件模型效果如图 3-3-83 所示。它
在音乐盒模型中的位置效果如图 3-3-84 所示。

扫码观看视频

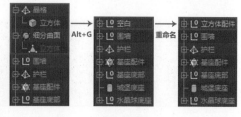

图 3-3-82

步骤 1　单击"工具栏 > 管道"工具，创建一个管道。适当调整管道在 y 轴方向的位置，方便观
察其外观变化。修改属性面板中的"管道对象［管道］> 对象 > 内部半径"参数为 12cm、"外部半径"
参数为 30cm、"旋转分段"参数为 60、"封顶分段"参数为 1、"高度"参数为 10cm、"高度分段"

参数为 1；勾选"圆角"，修改"分段"参数为 5、"半径"参数为 0.5cm，如图 3-3-85 所示。

图 3-3-83

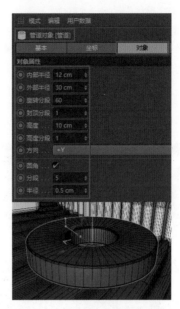

图 3-3-84

图 3-3-85

步骤 2 修改"坐标"参数如图 3-3-86 所示；或按图 3-3-85 所示的效果在视窗中移动调整"管道"对象的位置。

图 3-3-86

步骤 3 在对象列表中单击步骤 1 创建的"管道"对象，在对象列表里按住 Ctrl 键拖曳复制一个副本"管道.1"。

步骤 4 修改属性面板中的"管道对象[管道.1]>对象>内部半径"参数为 5cm、"外部半径"参数为 12cm，如图 3-3-87 所示。

步骤 5 使用素材文件。打开项目 3 "素材"文件夹中的"心"文件，选中模型"心"，按组合键"Ctrl+C"执行复制命令；在菜单栏中单击"窗口"，选择当前文件，回到当前场景，按组合键"Ctrl+V"执行粘贴命令将"心"模型粘贴到当前场景。修改属性面板中的"细分曲面[心]>坐标>P.X"参数为 −60cm、"P.Y"参数为 170cm、"P.Z"参数为 150cm，或按图 3-3-88 所示的效果在视窗中移动调整"心"对象的位置。

图 3-3-87

图 3-3-88

步骤 6 在对象列表里按住 Ctrl 键的同时选中步骤 1～步骤 5 创建的"管道"、"管道.1"和"心"对象，按组合键"Alt+G"将它们编组为"空白"对象，双击"空白"对象，将其重命名为"心形配件"，如图 3-3-89 所示。

3.3.10 小球模型的制作

小球模型在音乐盒模型中的位置效果如图 3-3-90 所示。

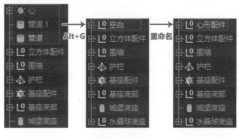

图 3-3-89

步骤1　单击"工具栏＞球体"工具，创建一个球体，在对象列表中双击"球体"对象，将其重命名为"橘色小球"，修改属性面板中的"球体对象［橘色小球］＞对象＞半径"参数为15cm、"分段"参数为40，修改坐标参数如图3-3-91所示；或按图3-3-90所示的效果在视窗中移动调整"橘色小球"对象的位置。

图 3-3-90

步骤2　参考步骤1创建"绿色小球"和"大钢珠"球体对象，如图3-3-92和图3-3-93所示，并适当调整它们的位置。

图 3-3-91

图 3-3-92

图 3-3-93

步骤3　在对象列表里按住Ctrl键的同时选中第3.3.1小节～第3.3.10小节创建的除了"城堡底座"以外的所有对象（"城堡底座"不选），按组合键"Alt+G"将它们编组为"空白"对象，双击"空白"对象，将其重命名为"旋转底座"，如图3-3-94所示。在动画制作的时候，城堡底座与旋转底座互为反方向旋转。

3.3.11　云朵模型的制作

云朵模型效果如图3-3-95所示。它在音乐盒模型中的位置效果如图3-3-96所示。

扫码观看视频

步骤1　单击"工具栏＞球体"工具，创建一个球体，修改属性面板中的"球体对象［球体］＞对象＞半径"参数为7cm、"分段"参数为24，在视窗中移动调整"球体"对象在y轴的位置，使其高于底座，方便观察效果。在右视图中按住Ctrl键的同时拖曳"球体"对象，复制出3个副本"球体.1""球体.2"和"球体.3"，调整4个球体的位置，如图3-3-97所示。

步骤2　单击"工具栏＞融球"工具，如图3-3-98所示。对象列表中会出现"融球"对象，在对象列表里把步骤1创建的4个"球体"对象拖曳到"融球"对象上，作为"融球"对象的子级；修改属性面板中的"融球对象［融球］＞对象＞编辑器细分"参数为5cm、"渲染器细分"参数为0.8cm，如图3-3-99所示。

图 3-3-94

图 3-3-95

图 3-3-96

图 3-3-97　　　　　　　　　　　　　　　　　　　图 3-3-98

图 3-3-99

步骤 3　在对象列表中双击"融球"对象，将其重命名为"云朵"，如图 3-3-100 所示。在右视图中按住 Ctrl 键的同时拖曳"云朵"对象，复制出 2 个副本，适当调整"云朵"对象在场景中的位置，如图 3-3-96 所示。

步骤 4　在对象列表里按住 Ctrl 键的同时选中步骤 1 ~ 步骤 3 创建的"云朵""云朵 .1"和"云朵 .2"对象，按组合键"Alt+G"将它们编组为"空白"对象，双击"空白"对象，将其重命名为"云朵"，如图 3-3-101 所示。

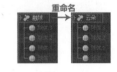

图 3-3-100

图 3-3-101

3.3.12　气球模型的制作

气球模型效果如图 3-3-102 所示。它在音乐盒模型中的位置效果如图 3-3-103 所示。

图 3-3-102　　　　图 3-3-103

步骤 1　单击"工具栏 > 球体"工具![球体]，创建一个球体，修改属性面板中的"球体对象 [球体] > 对象 > 半径"参数为 15cm、"分段"参数为 36，在视窗中移动调整"球体"对象在 y 轴的位置，使其高于底座，方便观察效果。将操作视窗切换为前视图、左视图或右视图，在视图窗口中选择"显示 > 光影着色（线条）"选项，以便更好地观察模型的分段数，如图 3-3-104 所示。

图 3-3-104

步骤 2　在对象列表中单击"球体"，按快捷键"C"将"球体"转为可编辑对象，单击"编辑模式工具栏 > 点模式"工具![点模式]，单击"工具栏 > 框选"工具![框选]，修改属性面板中的"框选 > 柔和选择 > 启用"为勾选状态，框选点，如图 3-3-105 所示；在 y 轴方向向上拖曳选中的点，调整球体模型如图 3-3-106 所示；球体模型调整好后，修改属性面板中的"框选 > 柔和选择 > 启用"为取消勾选状态，如图 3-3-107 所示。

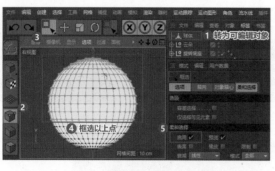

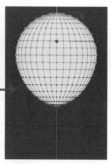

图 3-3-105

图 3-3-106

步骤 3 框选球体最底部的点并删除，如图 3-3-108 所示。

图 3-3-107

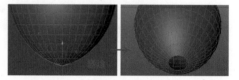

图 3-3-108

步骤 4 框选球体最底部的一圈点，向下移动所选点，单击"工具栏 > 缩放"工具 ，或按快捷键"T"调出缩放工具缩小所选点，如图 3-3-109 所示。

步骤 5 单击"工具栏 > 框选"工具 ，框选球体底部往上倒数的第二圈点，向下移动所选点，单击"工具栏 > 缩放"工具 ，或按快捷键"T"调出缩放工具缩小所选点，如图 3-3-110 所示。单击"模型"工具 ，使用场景模型模式进行编辑。

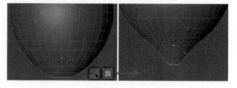

图 3-3-109

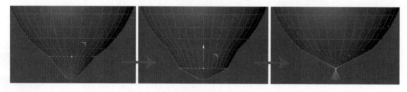

图 3-3-110

步骤 6 单击"工具栏 > 细分曲面"工具 ，在对象列表里把以上步骤完成的模型"球体"拖曳到"细分曲面"上，作为"细分曲面"的子级，如图 3-3-111 所示。

步骤 7 选择"工具栏 > 画笔"工具 ，在属性面板中选择"类型 > 贝塞尔"选项，如图 3-3-112 所示，绘制曲线。

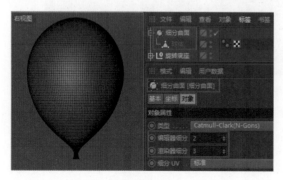

图 3-3-111

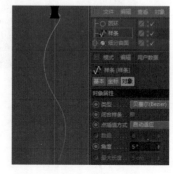

图 3-3-112

工具使用方法参考项目 2 "2.3.2 小节步骤 3"。

步骤 8 单击"工具栏 > 圆环"工具 ⊙，创建一个圆环，修改属性面板中的"圆环对象 [圆环] > 对象 > 半径"参数为 0.1cm、"平面"参数为 XY，如图 3-3-113 所示。

步骤 9 单击"工具栏 > 扫描"工具 ，如图 3-3-114 所示；对象列表中会出现"扫描"对象，在对象列表里把步骤 6 和步骤 7 完成的"样条"和"圆环"对象拖曳放到"扫描"上，作为"扫描"的子级，如图 3-3-115 所示。

步骤 10 在对象列表里按住 Ctrl 键的同时选中步骤 1 ~ 步骤 8 创建的"扫描"和"细分曲面"对象，按组合键"Alt+G"将它们编组为"空白"对象，双击"空白"对象，将其重命名为"气球"，如图 3-3-116 所示。

步骤 11 成组后的对象的轴心点默认为世界坐标的原点，在对象列表中选中"气球"对象，单击"编辑模式工具栏 > 启用轴心" 工具，调整"气球"对象的轴心如图 3-3-117 所示。

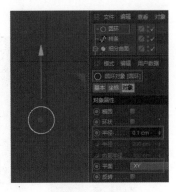

图 3-3-113

图 3-3-114

图 3-3-115

图 3-3-116

图 3-3-117

步骤 12 在视图中按住 Ctrl 键的同时拖曳"气球"对象，复制出 3 个副本"气球.1""气球.2""气球.3"，适当调整 4 个"气球"对象的大小和在场景中的位置，如图 3-3-118 所示。

步骤 13 在对象列表中框选"气球""气球.1""气球.2"和"气球.3"对象，按组合键"Alt+G"将它们编组为"空白"对象，双击"气球"对象，将其重命名为"气球"，如图 3-3-119 所示。

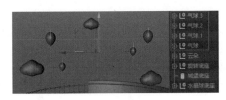

图 3-3-118

图 3-3-119

小提示

成组后的对象，选择的时候要在对象列表里单击父级，才能将整个对象包括全部子级一起选中，如图 3-3-120 所示。

如果直接在视图单击选中择对象，只能选中被单击的子级，如图 3-3-121 所示，在视图单击选中气球的球体部分，只能选中子级球体，不能将底下的线模型一起选中。

图 3-3-120

图 3-3-121

3.3.13 玻璃罩模型的制作

音乐盒的玻璃罩就是一个球体，它在音乐盒模型中的位置效果如图 3-3-122 所示。

步骤 1 单击"工具栏 > 球体"工具 ，创建一个球体，修改属性面板中的"球体对象 [球体] > 对象 > 半径"参数为 230cm、"分段"参数为 300；修改属性面板中的"球体对象 [球

扫码观看视频

体］> 坐标 >P.Y"参数为 228cm、或在视图中调整球体位置，使球体包含旋转底座，如图 3-3-123 所示。

图 3-3-122

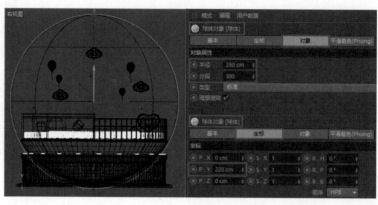

图 3-3-123

步骤 2 修改属性面板中的"球体对象［球体］> 基本 > 透显"为勾选状态，透显出球体里面的模型，如图 3-3-124 所示。此操作仅影响视窗显示效果，不影响渲染效果。

步骤 3 双击"球体"对象，将其重命名为"玻璃罩"，如图 3-3-125 所示。

为了不影响接下来的操作，单击对象列表中"球体"对象名称右侧的控制编辑器按钮，使其变为红色，即在编辑器中隐藏"玻璃罩"对象，待需要时再恢复显示，如图 3-3-126 所示。

图 3-3-124

3.3.14 城堡模型的制作

城堡模型效果如图 3-3-127 所示。它在音乐盒模型中的位置效果如图 3-1-1 所示。本小节主要完成城堡模型主楼部分的制作，如图 3-3-128 所示，6 个附楼将直接使用素材。

步骤 1 完成主楼的基础模型。主楼基础模型是一个多边形对象，如图 3-3-129 所示。单击"工具栏 > 圆柱"工具，创建一个圆柱，修改属性面板中的"圆柱对象［圆柱］> 对象 > 半径"参数为 60cm、"高度"参数为 4cm、"高度分段"参数为 1、"旋转分段"参数为 6、"方向"参数为 +Y；修改属性面板中的"球体对象［球体］> 坐标 >P.Y"参数为 157cm，或在视图中调整球体位置，如图 3-3-130 所示。

步骤 2 按快捷键"C"将"圆柱"转为可编辑对象，如图 3-3-131 所示。

步骤 3 单击"编辑模式工具栏 > 多边形模式"工具，单击"工具栏 > 实时选择"工具，选中圆柱顶部的面，如图 3-3-132 所示。实时选择工具的半径大小可以在属性面板通过参数调整，也可以使用快捷键"["和快捷键"]"调整。

图 3-3-125

图 3-3-126

图 3-3-127　　　图 3-3-128　　　图 3-3-129

右击，执行"内部挤压"命令，或按快捷键"M"和快捷键"W"调出内部挤压工具，在视窗空白处按住鼠标左键并向右拖曳创建挤压的厚度；在属性面板中的"内部挤压 > 偏移"参数为 10cm，如图 3-3-133 所示。

步骤 4 右击，执行"挤压"命令，如图 3-3-134 所示，或按快捷键"M"和快捷键"T"调出挤压工具。在视窗空白处按住鼠标左键并向右拖曳创建挤压的厚度，在属性面板中修改"挤压 > 偏移"参数为 4cm，如图 3-3-135 所示。

步骤 5 右击，执行"内部挤压"命令，或按快捷键"M"和快捷键"W"调出内部挤压工具，如图 3-3-136 所示。在视窗空白处按住鼠标左键并向右拖曳创建挤压的厚度；在属性面板中修改"内部挤

压 > 偏移"参数为 3，如图 3-3-137 所示。

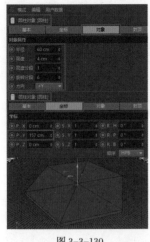
图 3-3-130

图 3-3-131

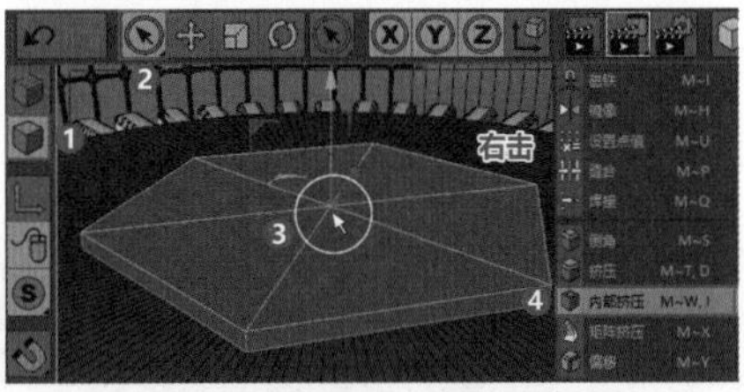

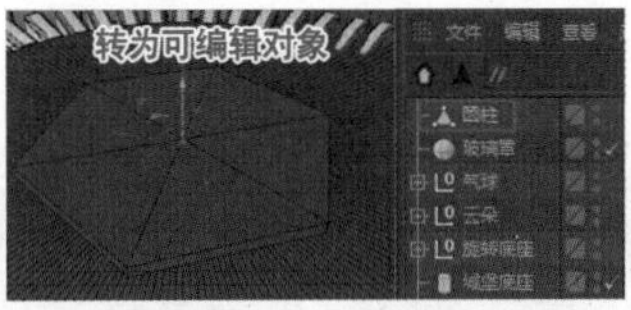

图 3-3-132

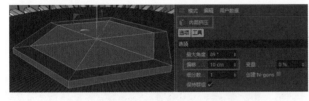
图 3-3-133

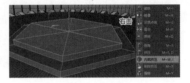
图 3-3-134

图 3-3-135

图 3-3-136

步骤 6 按快捷键"M"和快捷键"T"调出挤压工具。在属性面板中修改"挤压 > 偏移"参数为 1cm，如图 3-3-138 所示。

图 3-3-137

图 3-3-138

步骤 7 按快捷键"M"和快捷键"W"调出内部挤压工具，在属性面板中修改"内部挤压 > 偏移"参数为 -3cm，如图 3-3-139 所示。

步骤 8 按快捷键"M"和快捷键"T"调出挤压工具。在属性面板中修改"挤压 > 偏移"参数为 5cm，如图 3-3-140 所示。

图 3-3-139

图 3-3-140

步骤 9 单击"工具栏 > 缩放"工具 ，或按快捷键"T"调出缩放工具，在视窗空白处按住鼠标左键并向左拖曳缩小所选面，缩小比例参数为91%，如图3-3-141所示。

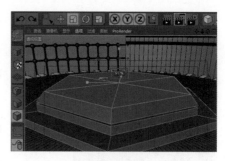

步骤10 按快捷键"M"和快捷键"W"调出内部挤压工具，在属性面板中修改"内部挤压>偏移"参数为3cm，如图3-3-142所示。

步骤11 按快捷键"M"和快捷键"T"调出挤压工具。在属性面板中修改"挤压>偏移"参数为1cm，如图3-3-143所示。

步骤12 按快捷键"M"和快捷键"W"调出内部挤压工具，在属性面板中修改"内部挤压>偏移"参数为-2.5cm，如图3-3-144所示。

图3-3-141

图3-3-142

图3-3-143

步骤13 按快捷键"M"和快捷键"T"调出挤压工具。在属性面板中修改"挤压>偏移"参数为5cm，如图3-3-145所示。

图3-3-144

图3-3-145

步骤14 单击"工具栏>缩放"工具，或按快捷键"T"调出缩放工具，在视窗空白处按住鼠标左键并向左拖曳缩小所选面，缩小比例参数为91%，如图3-3-146所示。

步骤15 按快捷键"M"和快捷键"W"调出内部挤压工具，在属性面板中修改"内部挤压>偏移"参数为4cm，如图3-3-147所示。

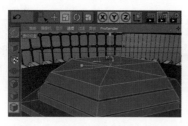

图3-3-146

图3-3-147

小提示

在建模过程中适时恢复或隐藏玻璃罩模型，使城堡模型不要高于玻璃罩。

步骤16 通过按快捷键"M"和快捷键"T"调出挤压工具。在属性面板中修改"挤压>偏移"参数为105cm，如图3-3-148所示。在视窗空白处按住鼠标左键并向右拖曳创建挤压的厚度，在属性面板中修改"挤压>偏移"参数为15cm，如图3-3-149所示。

步骤17 按快捷键"T"调出缩放工具，在视窗空白处按住鼠标左键并向左拖曳缩小所选面，缩小比例参数为75%，如图3-3-150所示。

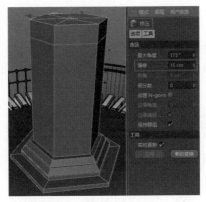

<table>
<tr><td>图 3-3-148</td><td>图 3-3-149</td><td>图 3-3-150</td></tr>
</table>

步骤 18 按快捷键"M"和快捷键"T"调出挤压工具。在属性面板中修改"挤压 > 偏移"参数为6cm，如图 3-3-151 所示。

步骤 19 按快捷键"M"和快捷键"W"调出内部挤压工具，在属性面板中修改"内部挤压 > 偏移"参数为3cm，如图 3-3-152 所示。

步骤 20 按快捷键"M"和快捷键"T"调出挤压工具。在属性面板中修改"挤压 > 偏移"参数为2cm，如图 3-3-153 所示。

图 3-3-151　　　　图 3-3-152　　　　图 3-3-153

步骤 21 按快捷键"M"和快捷键"W"调出内部挤压工具，在属性面板中修改"内部挤压 > 偏移"参数为 -3cm，如图 3-3-154 所示。

步骤 22 按快捷键"M"和快捷键"T"调出挤压工具。在属性面板中修改"挤压 > 偏移"参数为20cm，如图 3-3-155 所示。

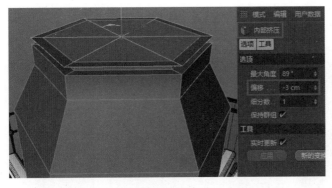
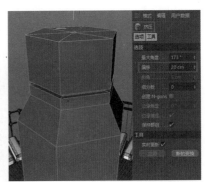

图 3-3-154　　　　　　　　图 3-3-155

步骤 23 按快捷键"T"调出缩放工具，在视窗空白处按住鼠标左键并向左拖曳放大所选面，放大比例参数为145%，如图3-3-156所示。

步骤24 按快捷键"M"和快捷键"T"调出挤压工具。在属性面板中修改"挤压 > 偏移"参数为35cm，如图3-3-157所示。

步骤25 按快捷键"T"调出缩放工具 ，缩小所选面，缩小比例参数为15%，如图3-3-158所示。

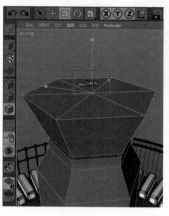

图 3-3-156

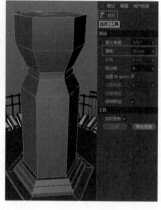

图 3-3-157

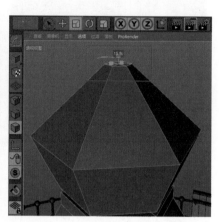

图 3-3-158

步骤26 单击"编辑模式工具栏 > 边模式"工具 ，按快捷键"U"和快捷键"L"调出循环选择工具，如图3-3-159所示，选中边缘线，如图3-3-160所示。

步骤27 按快捷键"M"和快捷键"S"调出倒角工具，在视窗空白处按住鼠标左键并向右拖曳创建倒角，属性面板中的"倒角 > 工具选项 > 偏移"参数会随着鼠标指针的拖曳而变化，当"偏移"参数变为20cm时，停止拖曳，这样操作可以较为直观地观察倒角效果；也可以直接在属性面板中修改"倒角 > 工具选项 > 偏移"参数为20cm，在属性面板中修改"倒角 > 工具选项 > 细分"参数为15，如图3-3-161所示。

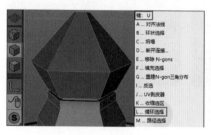

图 3-3-159

图 3-3-160

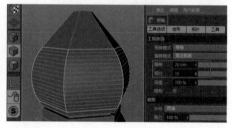

图 3-3-161

步骤28 单击"编辑模式工具栏 > 多边形模式"工具 ，选中截面，如图3-3-162所示，按快捷键"M"和快捷键"T"调出挤压工具。在属性面板中修改"挤压 > 偏移"参数为65cm，如图3-3-163所示。

步骤29 单击"工具栏 > 缩放"工具 ，或按快捷键"T"调出缩放工具，在视窗空白处按住鼠标左键并向左拖曳缩小所选面，缩小比例参数为5%，如图3-3-164所示。

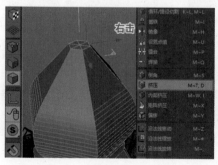

图 3-3-162

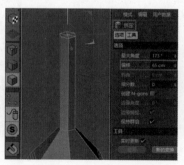

图 3-3-163

图 3-3-164

步骤 30 单击"编辑模式工具栏＞边模式"工具 ■，单击"工具栏＞移动"工具 ✛，或按快捷键"E"调出移动工具，按快捷键"U"和快捷键"L"调出"循环选择"工具，如图 3-3-165 所示。按住 Shift 键并配合鼠标左键加选城堡的 6 条棱边线，如图 3-3-166 所示。若要删除已选的边可以按住 Ctrl 键并配合鼠标左键进行选择。如果循环选择的线出现问题，如不能完整选中整条棱边线，如图 3-3-167 所示，可右击，执行"优化"命令，优化模型的线条后再进行循环选择，如图 3-3-168 所示。

| 图 3-3-165 | 图 3-3-166 | 图 3-3-167 | 图 3-3-168 |

步骤 31 按快捷键"M"和快捷键"S"调出倒角工具，如图 3-3-169 所示。在视窗空白处按住鼠标左键并向右拖曳创建倒角，调整倒角的效果如图 3-3-170 所示，或直接在属性面板中修改"倒角＞工具选项＞偏移"参数为 1.5cm；在属性面板中修改"倒角＞工具选项＞细分"参数为 5，如图 3-3-171 所示。

步骤 32 单击"编辑模式工具栏＞点模式"工具 ■，单击"工具栏＞框选"工具 ■，框选城堡顶端的点，如图 3-3-172 所示。按快捷键"T"调出缩放工具 ■，在视窗空白处按住鼠标左键并向左拖曳缩小所选点，缩小比例参数为 0%，如图 3-3-173 所示。

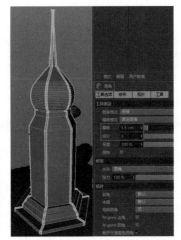

| 图 3-3-169 | 图 3-3-170 | 图 3-3-171 | 图 3-3-172 | 图 3-3-173 |

步骤 33 单击"编辑模式工具栏＞边模式"工具 ■，右击，执行"循环/路径切割"命令或按快捷键"K"和快捷键"L"调出循环/路径切割工具，如图 3-3-174 所示；移动鼠标指针位置，如图 3-3-175 所示，在模型约 90% 处单击生成切割线，移动参数滑块可调整切割线的位置；移动鼠标指针位置，如图 3-3-176 所示，在模型约 50% 处单击生成切割线。

步骤 34 按快捷键"U"和快捷键"L"调出循环选择工具，如图 3-3-177 所示。选中步骤 33 切割的第一条线，如图 3-3-178 所示，按快捷键"M"和快捷键"S"调出倒角工具，在视窗空白处按住鼠标左键并向右拖曳创建倒角，在属性面板中修改"倒角＞工具选项＞偏移"参数为 2cm；修改"细分"参数为 0，如图 3-3-179 所示。

步骤 35 循环选择步骤 33 切割的第二条线，创建倒角，如图 3-3-180 所示，具体操作方法参考步骤 34。

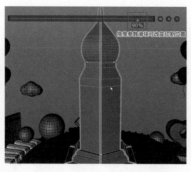
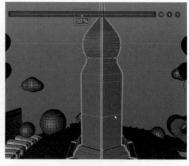

图 3-3-174   图 3-3-175   图 3-3-176

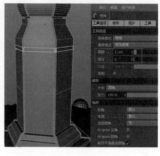

图 3-3-177   图 3-3-178   图 3-3-179   图 3-3-180

步骤 36 单击"编辑模式工具栏 > 多边形模式"工具 ，单击"工具栏 > 框选"工具 ，在正、左、右视图中框选面，如图 3-3-181 所示；按快捷键"M"和快捷键"T"调出挤压工具。在属性面板中修改"挤压 > 偏移"参数为 4.5cm，如图 3-3-182 所示。

图 3-3-181   图 3-3-182

步骤 37 在正、左、右视图中框选面，如图 3-3-183 所示。按快捷键"M"和快捷键"T"调出挤压工具，在属性面板中修改"挤压 > 偏移"参数为 -2cm，如图 3-3-184 所示。

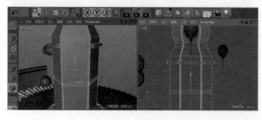

图 3-3-183   图 3-3-184

步骤 38 单击"编辑模式工具栏 > 边模式"工具 ，按快捷键"U"和快捷键"L"调出循环选择工具，如图 3-3-185 所示，选中线，如图 3-3-186 所示。按快捷键"M"和快捷键"S"调出倒角工具，在视窗空白处按住鼠标左键并向右拖曳创建倒角，或直接在属性面板中修改"倒角 > 工具选项 > 偏移"参数为 2.5cm，修改"细分"参数为 8，如图 3-3-187 所示。

步骤 39 按快捷键"U"和快捷键"L"调出循环选择工具，按住 Shift 键配合鼠标左键加选城堡的边线，如图 3-3-188 所示。按快捷键"M"和快捷键"S"键调出倒角工具，在属性面板中修改"倒角 > 工具选项 > 偏移"参数为 0.5cm，修改"细分"参数为 4，如图 3-3-189 所示。

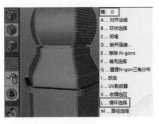

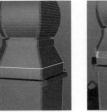

图 3-3-185　　　　　　　　　　图 3-3-186　　　　　　　　　　图 3-3-187　　　　　　　　　　图 3-3-188

　　主楼的基础模型已经创建完成，接下来完成主楼门洞和装饰物的制作，如图 3-3-128 所示。为了便于操作，可以在对象列表中把"旋转底座"等对象暂时隐藏。

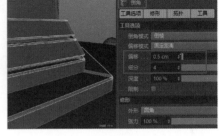

　　步骤 40　　单击"工具栏 > 矩形"工具，在属性面板中修改"矩形对象[矩形]>对象>宽度"参数为 15cm，修改"高度"参数为 30cm，在 y 轴方向调整矩形位置如图 3-3-190 所示。

　　步骤 41　　按快捷键"C"将"矩形"转为可编辑对象，如图 3-3-191 所示。

扫码观看视频

　　步骤 42　　单击"编辑模式工具栏 > 点模式"工具，单击"工具栏 > 框选"工具，框选图 3-3-192 所示的两个点；右击，执行"倒角"命令，如图 3-3-193 所示；在视窗空白处

图 3-3-189

按住鼠标左键并向右拖曳创建倒角，如图 3-3-194 所示。单击"模型"工具，使用场景模型模式进行编辑。

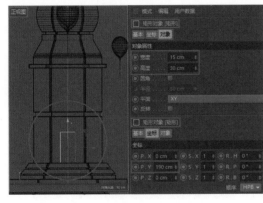
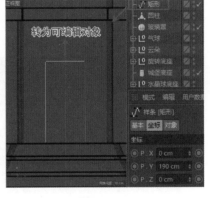

图 3-3-190　　　　　　　　　　　　　　　　　　　　　　图 3-3-191

　　步骤 43　　单击"工具栏 > 挤压"工具，如图 3-3-195 所示。在对象列表中将步骤 40～步骤 42 创建的"矩形"对象拖曳到"挤压"对象上，作为"挤压"的子级。

图 3-3-192　　　　　　　图 3-3-193　　　　　　　图 3-3-194　　　　　　　图 3-3-195

　　在对象列表中单击"挤压"对象，在属性面板中修改"挤压对象 [挤压] > 对象 > 移动"参数为 0cm、0cm、100cm；修改"坐标 >P.Z"参数为 -50cm，调整"挤压"对象位置如图 3-3-196 所示。

　　步骤 44　　"挤压"对象的轴心默认与其子级一致，接下来"挤压"对象要以主楼为中心进行旋转复制，

这需要先修改"挤压"对象的轴心。单击"编辑模式工具栏 > 启用轴心"工具，单击"工具栏 > 移动"工具，将"挤压"对象的轴心移到主楼模型中心，如图 3-3-197 所示。再次单击启用"轴心"工具，暂停该工具的使用，如图 3-3-198 所示。

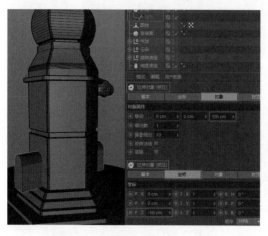

图 3-3-196

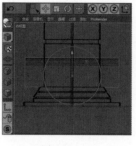

图 3-3-197

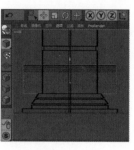

图 3-3-198

步骤 45 在对象列表中单击"挤压"对象，按组合键"Ctrl+C"执行复制命令，按组合键"Ctrl+V"执行两次粘贴命令，在对象列表中得到两个"挤压"对象的副本"挤压.1"和"挤压.2"。

在对象列表中选中"挤压.1"对象，在属性面板中修改"挤压对象［挤压.1］> 坐标 >R.H"参数为60°，如图 3-3-199 所示。

在对象列表中选中"挤压.2"对象，在属性面板中修改"挤压对象［挤压.2］> 坐标 >R.H"参数为120°，如图 3-3-200 所示。

图 3-3-199

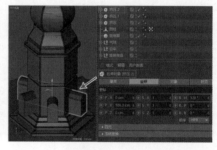

图 3-3-200

步骤 46 在对象列表中单击"挤压"对象，在正视图中按住 Ctrl 键沿 y 轴方向移动"挤压"对象，复制出 2 个副本"挤压.3""挤压.4"，如图 3-3-201 所示。

步骤 47 在对象列表中单击"挤压.4"对象左侧的加号，打开其子级，如图 3-3-202 所示。

单击"编辑模式工具栏 > 点模式"工具，单击"工具栏 > 框选"工具，框选 3 个点，如图 3-3-203 所示，沿 y 轴方向向下移动所选点，如图 3-3-204 所示。

步骤 48 框选所有点，如图 3-3-205 所示。按快捷键"T"调出缩放工具，将所选点缩小到 85%；单击"工具栏 > 移动"工具，移动所选点，如图 3-3-206 所示。

步骤 49 在对象列表中单击"挤压.4"对象，返回父级，如图 3-3-207 所示。按组合键"Ctrl+C"执行复制命令，按组合键"Ctrl+V"执行两次粘贴命令，在对象列表中得到两个"挤压.4"对象的副本"挤压.5"和"挤压.6"。

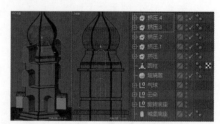

图 3-3-201

图 3-3-202

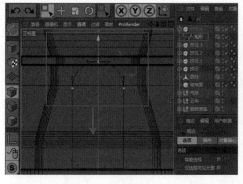

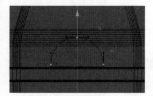

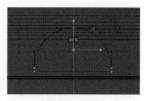

图 3-3-203   图 3-3-204   图 3-3-205

步骤 50 在对象列表中选中"挤压 .5"对象，在属性面板中修改"挤压对象 [挤压 .5] > 坐标 >R.H"参数为 60°，如图 3-3-208 所示。

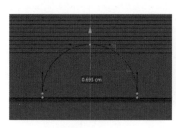

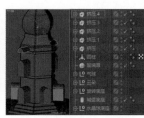

图 3-3-206   图 3-3-207   图 3-3-208

在对象列表中选中"挤压 .6"对象，在属性面板中修改"挤压对象 [挤压 .6] > 坐标 >R.H"参数为 120°，如图 3-3-209 所示。

步骤 51 在对象列表中框选 7 个挤压对象，如图 3-3-210 所示，按组合键"Alt+G"将它们编组为"空白"对象。

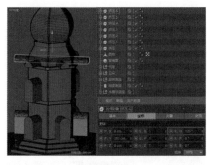

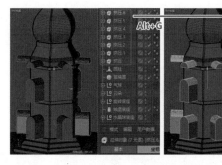

图 3-3-209   图 3-3-210

步骤 52 单击"工具栏 > 布尔"工具，如图 3-3-211 所示。布尔工具通过对两个对象进行相加、相减、差集或补集运算组合产生新的对象。

在对象列表中将步骤 39 ~ 步骤 51 创建的"圆柱"和"空白"对象拖曳到"布尔"对象上，作为子级，"圆柱"对象为第一子级，"空白"对象为第二子级；在属性面板中修改"布尔对象 [布尔] > 对象 > 布尔类型"为"A 减 B"，勾选"隐藏新的边"，如图 3-3-212 所示。布尔运算后，模型中会生成运算线，如图 3-3-213 所示，勾选该选项后，软件会隐藏这些线。

步骤 53 完成城堡上的球体装饰，先完成城堡顶部的球体装饰，如图 3-3-214 所示。

单击"工具栏 > 球体"工具，创建一个球体。修改属性面板中的"球体对象 [球体] > 对象 > 半径"参数为 7.5cm，"分段"参数为 24，如图 3-3-215 所示。移动球体至城堡顶部，如图 3-3-214 所示。

图 3-3-211　　　　　　　　　　　　　图 3-3-212　　　　　　　　　　　图 3-3-213

步骤 54　完成城堡外墙腰线上的球体装饰，如图 3-3-216 所示。单击"工具栏 > 球体"工具，创建一个球体。将球体适当移动到城堡顶部以便观察，修改属性面板中的"球体对象 [球体 .1] > 对象 > 半径"参数为 1.5cm、"分段"参数为 12，如图 3-3-217 所示。

图 3-3-214　　　　　　图 3-3-215　　　　　　图 3-3-216　　　　　　图 3-3-217

步骤 55　在菜单栏中单击"运动图形 > 克隆"，在对象列表中把步骤 54 创建的"球体 .1"对象拖曳到"克隆"对象上，使"球体 .1"作为"克隆"的子级，在对象列表中选中"克隆"对象，修改属性面板中的"克隆对象 [克隆] > 对象 > 模式"参数为"放射"、"数量"参数为 6、"半径"参数为 37、"平面"参数为 XZ、"开始角度"参数为 30°、"结束角度"参数为 390°。

在视图中，在 y 轴方向适当调整"克隆"对象的位置，效果如图 3-3-218 所示。

此处"半径"、"开始角度"和"结束角度"的参数为参考数值，可根据城堡外形进行适当调整。

步骤 56　在对象列表中框选步骤 1 ~ 步骤 55 创建的"布尔"、"球体"和"克隆"对象，按组合键"Alt+G"将它们编组为"空白"对象，双击"空白"对象，将其重命名为"城堡主楼"，如图 3-3-219 所示。

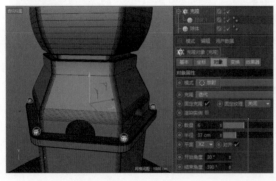

图 3-3-218　　　　　　　　　　　　　　　　图 3-3-219

步骤 57　城堡附楼模型使用素材文件制作，打开项目 3 "素材"文件夹中的"城堡附楼"文件，选中模型"城堡附楼"，按组合键"Ctrl+C"执行复制命令；在菜单栏中单击"窗口"，选择当前文件，回到当前场景，按组合键"Ctrl+V"执行粘贴命令，将"城堡附楼"模型粘贴到当前场景。在视窗中适当调整"城堡附楼"对象的位置，如图 3-3-220 所示。

步骤 58　"城堡"和"城堡底座"对象在动画中是同步自转的，须将主楼和附楼还有底座模型成组。

在对象列表中框选"城堡主楼""城堡附楼"和"城堡底座",按组合键"Alt+G"将它们编组为"空白"对象,双击"空白"对象,将其重命名为"城堡",如图 3-3-221 所示。

步骤 59 在对象列表中单击所有对象名称右侧的控制编辑器,使其变为灰色,即全部恢复显示。在透视视图窗口中选择"显示 > 光影着色"选项,如图 3-3-222 所示。

图 3-3-220

图 3-3-221

图 3-3-222

扫码观看视频

3.4 任务 2:动画的制作

通过本任务的制作与学习,读者可以解锁以下技能点。

解锁技能点		
摄像机保护	自转动画	振动动画

任务 2 主要完成城堡、底座互为不同方向的自转动画,以及气球、云朵的振动动画。

3.4.1 设定摄像机

步骤 1 单击"工具栏 > 摄像机"工具,创建一个"摄像机"对象。

步骤 2 在透视视图窗口中选择"摄像机 > 使用摄像机 > 摄像机"选项,将透视视图的显示内容改为"摄像机"拍摄的内容,如图 3-4-1 所示。

步骤 3 选择"模式 > 视图设置 > 查看"选项,调整参数如图 3-4-2 所示,显示标题安全框和动作安全框。在透视视图中调整摄像机的拍摄角度如图 3-4-3 所示,摄像机坐标位置可参考图 3-4-3 所示。所有的元素都要安排在标题安全框内。

图 3-4-1

图 3-4-2

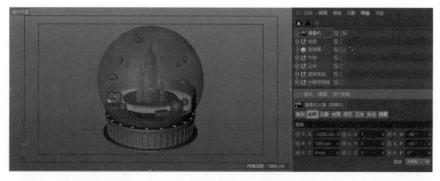

图 3-4-3

步骤 4 摄像机的位置调整好后，建议锁定摄像机当前的机位，防止操作失误改变机位。在对象列表中的"摄像机"对象上右击，执行"CINEMA 4D 标签 > 保护"命令，如图 3-4-4 所示。"摄像机"对象的标签栏中会出现保护标签，如图 3-4-5 所示，如需取消保护可按 Delete 键删除该标签。

图 3-4-4

图 3-4-5

3.4.2　制作音乐盒旋转底座与城堡自转动画

音乐盒的动画主要由旋转底座和城堡朝不同方向的自转动画组成，旋转底座自转方向如图 3-4-6 所示，城堡自转方向如图 3-4-7 所示。

步骤 1 在时间轴上调整时间线总长度和显示长度为 150F，如图 3-4-8 所示。

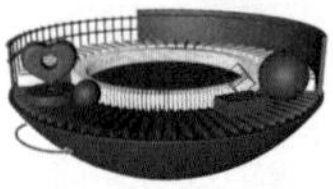

图 3-4-6

图 3-4-7

图 3-4-8

步骤 2 "旋转底座"对象包含多个子级。若父级对象的轴心不在中心，将导致自转的轴心偏移，如果出现上述情况，要先把父级的轴心居中，此时菜单栏中的重置轴心工具也许不能使轴心达到完全居中的效果，需要手动修改轴心。单击"编辑模式工具栏 > 启用轴心"工具，单击"工具栏 > 移动"工具，在顶视图中将"旋转底座"对象的轴心移到中心，如图 3-4-9 所示，建议放大视图，单击"编辑模式工具栏 > 启用捕捉"工具，使轴心精准对齐模型，如图 3-4-10 所示。再次单击"启用轴心"工具和"启用捕捉"工具，暂停该工具的使用。

图 3-4-9

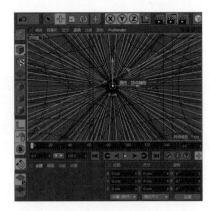

图 3-4-10

步骤 3 制作旋转底座自转一圈动画需要两个关键帧。将时间指针拖曳到第 0 帧，在对象列表中单击选中"旋转底座"对象，修改属性面板中的"空白［旋转底座］> 坐标 >R.H"参数为 0°，单击记录活动对象，在第 0 帧生成关键帧，如图 3-4-11 所示。将时间指针拖曳到第 150 帧，修改属性面板中的"空白［旋转底座］> 坐标 >R.H"参数为 360°，单击记录活动对象，在第 150 帧生成关键帧，如图 3-4-12 所示。播放动画进行测试，单击向前播放播放动画，单击暂停播放动画。

步骤 4 城堡的自转方向与旋转底座的自转方向相反。将时间指针拖曳到第 0 帧，在对象列表中单击选中"城堡"对象，修改属性面板中的"空白［旋转底座］> 坐标 >R.H"参数为 360°，单击记录活动对象，在第 0 帧生成关键帧，如图 3-4-13 所示。将时间指针拖曳到第 150 帧，修改属性面板中的"空白［旋转底座］> 坐标 >R.H"参数为 0°，单击记录活动对象，在第 150 帧生成关键帧，如图 3-4-14 所示。播放动画进行测试。

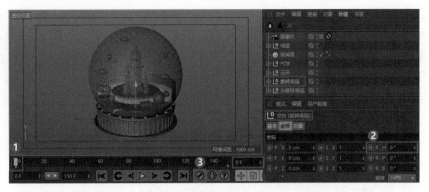

图 3-4-11

图 3-4-12

图 3-4-13

图 3-4-14

步骤 5　将旋转底座和城堡自转动画改为匀速运动。C4D 默认的动画关键帧插值方式为缓进缓出，想将动画改为匀速运动，需在时间线窗口中修改。在菜单栏中单击"窗口 > 时间线（函数曲线）"，如

图 3-4-15 所示，调出时间线窗口，场景中的关键帧初始状态以曲线的方式在窗口中显示。如果曲线显示不完整，可以在菜单栏中单击"查看 > 显示关键帧 / 切线 > 显示全部关键帧"，如图 3-4-16 所示，也可按住 Alt 键配合鼠标中键拖曳视图查看超出部分。

在窗口左侧选中"旋转底座"，会出现该对象的关键帧曲线，现在代表旋转动画的关键帧类型为样条，框选（可按住 Shift 键加选）曲线头尾的两个关键帧，按 L 键转为线性插值，如图 3-4-17 所示；或单击"线性"转为线性插值，如图 3-4-18 所示。

图 3-4-15　　　　　　　　　　　　图 3-4-16

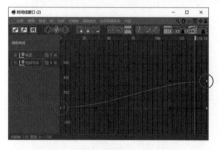

图 3-4-17　　　　　　　　　　　　图 3-4-18

步骤 6　在窗口左侧选中"城堡"，框选（可按住 Shift 键加选）曲线头尾的两个关键帧，按 L 键，转为线性插值，如图 3-4-19 所示；或单击"线性"转为线性插值，如图 3-4-20 所示。

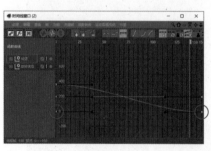

图 3-4-19　　　　　　　　　　　　图 3-4-20

3.4.3　制作云朵、气球振动动画

步骤1　在对象列表中单击"气球"对象左侧的加号 ，打开其子级，如图 3-4-21 所示。

步骤2　在"气球"对象的其中一个子级上右击，执行"CINEMA 4D 标签 > 振动"命令，如图 3-4-22 所示，该对象标签栏中会出现振动标签，如需取消可按 Delete 键删除该标签。振动标签可设定对象的位置、缩放、旋转在每个轴向上的振幅。

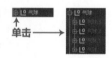

图 3-4-21

步骤3　单击振动标签，修改属性面板中的"振动表达式 [振动] > 标签 > 规则脉冲"为勾选状态，"启用位置"为勾选状态，"振幅" y 轴方向参数为 5cm、其他方向参数为 0cm，"频率参数"为 0.25，如图 3-4-23 所示。

步骤4　选中振动标签，按住 Ctrl 键将其分别拖曳复制到另外 3 个气球对象上，如图 3-4-24 所示。分别适当调整振动标签的"振幅" y 轴方向的参数和"频率"参数，可参考图 3-4-25、图 3-4-26、图 3-4-27 所示，使每个气球的振幅和频率都有所差异，动态变化效果更加丰富。

图 3-4-22

图 3-4-23

图 3-4-24

图 3-4-25

图 3-4-26

图 3-4-27

步骤 5 在对象列表中单击"云朵"对象左侧的加号 中，打开其子级，选中 1 个振动标签，按住 Ctrl 键将其分别拖曳复制到"云朵""云朵 .1"和"云朵 .2"上，如图 3-4-28 所示。

分别适当调整"云朵""云朵 .1"和"云朵 .2"的"振幅" y 轴方向的参数和"频率"参数，可参考图 3-4-29 ~ 图 3-4-31 所示，使每个云朵的振幅和频率都有所差异。建议将云朵的整体振幅参数调整得比气球的小，以符合对象的特点。

图 3-4-28

图 3-4-29

图 3-4-30

图 3-4-31

步骤 6 播放动画进行测试，适当调整云朵和气球的位置。现在场景中的对象层级比较多，且有玻璃罩影响对象的选取，建议先在对象列表中选中对象后，再到视图中进行操作。

3.5 任务 3：灯光材质的制作

通过本任务的制作与学习，读者可以解锁以下技能点。

解锁技能点		
保护标签的使用	目标灯光的设置	塑料材质
金属材质	玻璃材质	多边选集材质

本任务将介绍 C4D 默认渲染器的全局光照效果设置，以及 C4D 塑料材质、金属材质、玻璃材质的制作和材质的多边选集的设置。

3.5.1 制作全局光照和环境吸收效果

步骤 1 "玻璃罩"的玻璃材质最后添加，为了方便观察渲染效果，单击"玻璃罩"名称右侧的绿色勾，使其变为红色叉，暂停激活该对象，如图 3-5-1 所示。

扫码观看视频

图 3-5-1

步骤 2 保留摄像机透视视图，将另外 3 个视图的其中一个改为透视视图作为操作视图，在视窗菜单栏中单击"摄像机 > 透视视图"，如图 3-5-2 所示。单击"显示 > 光影着色"，如图 3-5-3 所示。

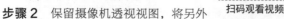

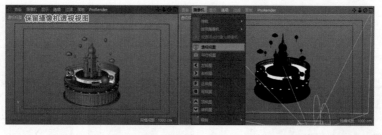

图 3-5-2

步骤 3 单击"工具栏 > 区域光"工具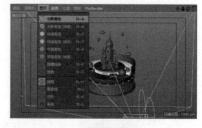，创建一个区域光，如图 3-5-4 所示。在属性面板修改"灯光对象 [主]> 细节 > 水平尺寸"参数为 380，修改"垂直尺寸"参数为 346，调整灯光位置如图 3-5-5 所示。区域光是面光源，发光面大小也可以通过灯光 4 条边上的黄点调整。发光面越大，灯光亮度越强；灯光离对象越远，照亮的范围越大。

图 3-5-3

步骤 4 为区域光添加一个照射目标，使区域光可以围绕该目标调整照射角度。单击"工具栏 > 空白"工具，新建一个"空白"对象，如图 3-5-6 所示。在对象列表中右击"灯光"，执行 CINEMA 4D 标签 > 目标"命令，如图 3-5-7 所示，为"灯光"对象添加目标标签。单击目标标签，在属性面板中调出目标标签属性，将"空白"对象拖曳到属性面板"目标表达式 [目标]> 标签 > 目标对象"上，如图 3-5-8 所示。这样，区域光便能以"空白"对象为照射目标，便于调整照射角度。

图 3-5-4

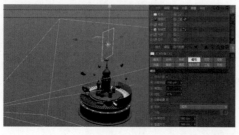

图 3-5-5

图 3-5-6

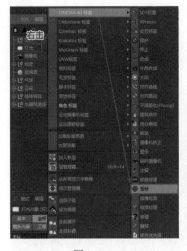

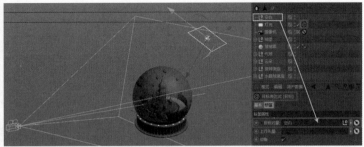

图 3-5-7   图 3-5-8

步骤 5 在对象列表中单击"灯光"对象，按住 Ctrl 键拖曳复制出副本"灯光.1"对象；在对象列表中双击"灯光"对象，将其重命名为"主"，双击"灯光.1"对象，将其重命名为"辅"，如图 3-5-9 所示。

步骤 6 在对象列表中单击"主"灯光对象，修改"灯光对象 [主] > 常规 > 强度"参数为 100%，如图 3-5-10 所示。单击"投影"，在下拉列表中选择"区域"，打开灯光投影，如图 3-5-11 所示。

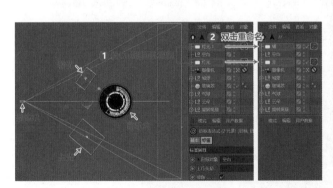

图 3-5-9   图 3-5-10

图 3-5-11

步骤7　在对象列表中单击"辅"灯光对象,修改"灯光对象[辅]
>常规>强度"参数为60%,修改"灯光对象[主]细节>水平尺寸"
参数为249,修改"垂直尺寸"参数为190,如图3-5-12所示。

步骤8　适当调整主光和辅光的位置与照射角度,可参考
图3-5-13所示。

步骤9　单击"工具栏>天空"工具,创建一个天空,如
图3-5-14所示。

步骤10　双击材质窗口新建材质球,如图3-5-15所示。双
击材质球,打开材质编辑器,取消勾选"颜色"和"反射",如
图3-5-16所示;勾选"发光",在面板右边的发光属性面板中单
击"纹理"右边的小三角,选择"过滤"选项。单击"过滤",进入"过
滤"属性面板,单击"纹理"右边的小三角,选择"加载图像"选项,
打开项目3"素材"文件夹里面的HDR文件,如图3-5-17所示;
单击"hdr.hdr",进入其属性面板,修改"饱和度"参数为-100%,
如图3-5-18所示。

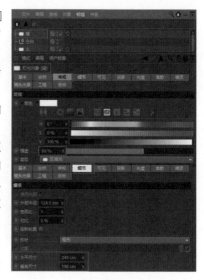

图 3-5-12

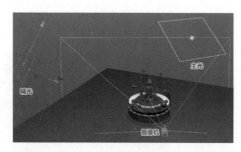

图 3-5-13

图 3-5-14

图 3-5-15

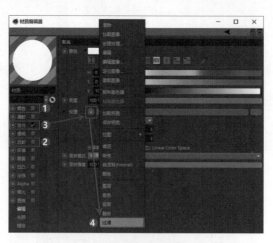

图 3-5-16

图 3-5-17

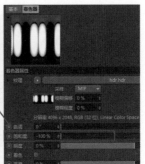

图 3-5-18

步骤 11 关闭材质编辑器，将步骤 10 创建的材质从材质窗口拖曳到对象列表中的"天空"上，作为天空贴图，如图 3-5-19 所示。

步骤 12 双击材质窗口新建材质球，双击材质球，打开材质编辑器，修改材质球名称为"地面"，修改材质球颜色，如图 3-5-20 所示。在对象列表中打开"水晶球底座"的子级，将"地面"材质从材质窗口拖曳到对象列表中的"地面"上，作为地面贴图，如图 3-5-21 所示。

地面的颜色对渲染色调有一定的影响。

图 3-5-19

图 3-5-20

图 3-5-21

步骤 13 单击"工具栏＞编辑渲染设置"工具，"渲染器"选择"物理"，如图 3-5-22 所示；单击"效果＞全局光照"，添加全局光照效果，如图 3-5-23 所示；设置"全局光照＞常规＞采样"参数，为了节省渲染测试的时间，暂时将"采样"参数修改为"低"，待正式输出时再修改"采样"参数，如图 3-5-24 所示。

步骤 14 单击"效果＞环境吸收"，添加环境吸收效果，如图 3-5-25 所示；设置"环境吸收＞基本＞颜色"如图 3-5-26 所示，将黑白渐变改为灰白渐变，使渲染结果中的暗部适中，颜色的渐变会影响渲染结果的亮度和对比度。

图 3-5-22

图 3-5-23

图 3-5-24

图 3-5-25

图 3-5-26

3.5.2　制作塑料材质

步骤 1　双击材质窗口新建材质球，双击材质球，打开材质编辑器，修改材质球颜色如图 3-5-27 所示；选择"反射 > 添加 >GGX"选项，如图 3-5-28 所示；设置"层 1"的"普通"参数为 7%，设置"粗糙度"参数为 40%，如图 3-5-29 所示。"层 1"是影响反射强度的关键参数。修改材质球名称为"橘色塑料"。

扫码观看视频

图 3-5-27

图 3-5-28

图 3-5-29

将"橘色塑料"材质从材质窗口拖曳到对象列表中的"橘色小球""心""管道"和"底座－塑料"上，为这些对象添加贴图，如图 3-5-30 所示。

步骤 2　在材质窗口按住 Ctrl 键拖曳"橘色塑料"材质，复制出一个副本；双击材质球，打开材质编辑器，修改材质球颜色如图 3-5-31 所示，修改材质球名称为"浅绿塑料"。将"浅绿塑料"材质从材质窗口拖曳到对象列表中的"基座底部"上，为基座底部添加贴图，如图 3-5-32 所示。

步骤 3　在材质窗口按住 Ctrl 键拖曳"浅绿塑料"材质，复制出一个副本；双击材质球，打开材质编辑器，修改材质球颜色如图 3-5-33 所示，单击"反射"，设置"层

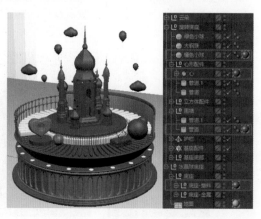

图 3-5-30

1"的"普通"参数为20%，设置"粗糙度"参数为20%，设置"反射强度"参数为25%，修改材质球名称为"深绿塑料"，如图3-5-34所示。

图 3-5-31

图 3-5-32

将"深绿塑料"材质从材质窗口拖曳到对象列表中的"城堡底座""绿色小球"上，为这些对象添加贴图，如图3-5-35所示。

图 3-5-33

图 3-5-34

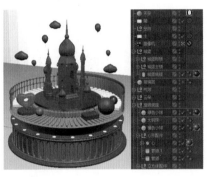

图 3-5-35

3.5.3 制作金属材质

扫码观看视频

步骤1 双击材质窗口新建材质球，双击材质球，打开材质编辑器，取消勾选"颜色"，勾选"反射"；在右边的反射属性面板中选中"默认高光"，单击"移除"删除默认高光，如图3-5-36所示。

步骤2 单击"添加 >GGX"，如图3-5-37所示。设置"层1"的"普通"参数为70%，设置"粗糙度"参数为30%，设置"层菲涅耳 > 菲涅耳"为"导体"、"预置"为"钢"，如图3-5-38所示，修改材质球名称为"不锈钢"。

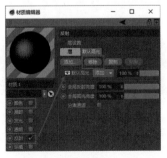

图 3-5-36

图 3-5-37

步骤3 将"不锈钢"材质从材质窗口拖曳到对象列表中"旋转底座"的子级"大钢珠""心 > 管道.1""护栏"上，为这些对象添加不锈钢材质，如图3-5-39所示。

图 3-5-38

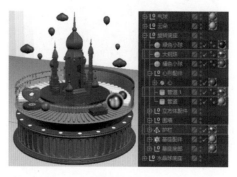

图 3-5-39

3.5.4 制作多边选集材质

城堡主体是一个多边形对象，但有两种材质：金色金属材质和白色塑料材质，如图 3-5-40 所示。多边形对象通过拖曳材质到面的不同部分构建多边选集材质，使一个模型的不同面上具有不同的材质。

步骤 1 在材质窗口按住 Ctrl 键拖曳"不锈钢"材质，复制出一个副本；双击材质球，打开材质编辑器，单击"反射"，修改"层菲涅耳 > 预置"为"金"，如图 3-5-41 所示；修改"粗糙度"参数为 25%，修改"层颜色 > 颜色"如图 3-5-42 所示，此处可调整金属颜色；修改材质球名称为"金"。

图 3-5-40

图 3-5-41

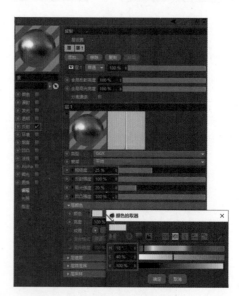

图 3-5-42

步骤 2 在材质窗口按住 Ctrl 键拖曳"深绿塑料"材质，复制出一个副本；双击材质球，打开材质编辑器，修改材质球颜色如图 3-5-43 所示；单击"反射"，设置"层 1"的"普通"参数为 5%，设置"粗糙度"参数为 10%，设置"反射强度"参数为 20%，如图 3-5-44 所示；修改材质球名称为"白色塑料"。

浅色材质的反射效果比深色材质的反射效果明显，参数值太大容易曝光过度，所以白色材质"层 1"的参数值会相对小一些。

图 3-5-43 图 3-5-44

步骤 3 在对象列表中打开"城堡"对象的子级"城堡 > 城堡主楼 > 布尔 > 圆柱",如图 3-5-45 所示；将白色塑料材质拖曳到"圆柱"对象上，为城堡主楼添加白色塑料材质，如图 3-5-46 所示。

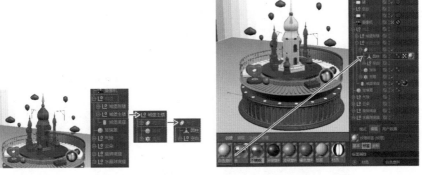

图 3-5-45 图 3-5-46

步骤 4 单击"编辑模式工具栏 > 多边形模式"工具，按快捷键"U"后按快捷键"L"调出循环选择工具，如图 3-5-47 所示；选中面，如图 3-5-48 所示；按快捷键"U"后按快捷键"Y"调出扩展选区工具，扩展选区，如图 3-5-49 所示。重复按快捷键"U"后按快捷键"Y"，继续扩展选区，如图 3-5-50 所示。

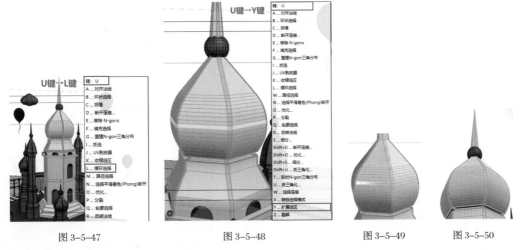

图 3-5-47 图 3-5-48 图 3-5-49 图 3-5-50

步骤 5 将金材质从材质窗口拖曳到步骤 4 创建的选区上，为城堡主楼顶部添加金色金属材质，如图 3-5-51 所示。对象列表中的 "圆柱"对象的标签栏中会出现金色材质球和多边选集标签，单击多边选集标签，可以在属性面板中对该选集进行恢复、选择、隐藏等操作，如图 3-5-52 所示。

步骤 6　按快捷键"U"和快捷键"L"调出循环选择工具，创建选区，如图 3-5-53 左图所示；按快捷键"U"和快捷键"Y"扩展选区，重复按快捷键"U"和快捷键"Y"继续扩展选区，如图 3-5-53 右图所示。将金材质从材质窗口拖曳到选区上，为城堡主楼外墙腰线添加金色金属材质，如图 3-5-54 所示。

图 3-5-51　　　　　　　　图 3-5-52　　　　　　　　图 3-5-53

步骤 7　按快捷键"U"和快捷键"L"调出循环选择工具，创建选区，如图 3-5-55 所示，将金材质从材质窗口拖曳到选区上，为城堡主楼外墙腰线添加金色金属材质。

步骤 8　按快捷键"U"和快捷键"L"调出循环选择工具，创建选区，如图 3-5-56 左图所示，按快捷键"U"和快捷键"Y"扩展选区，重复按快捷键"U"和快捷键"Y"，继续扩展选区，如图 3-5-56 右图所示。将金材质从材质窗口拖曳到选区上，为城堡主楼底座添加金色金属材质，如图 3-5-57 所示。

图 3-5-54　　　　　　　　　　　　　　　图 3-5-55

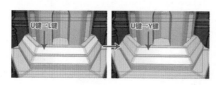

图 3-5-56　　　　　　　　　　图 3-5-57

步骤 9　参考步骤 8 创建选区，如图 3-5-58 所示，将金材质从材质窗口拖曳到选区上，为城堡主楼底座添加金色金属材质。

步骤 10　城堡主楼的门洞和窗洞是用布尔工具创建的，布尔对象的材质可以添加在父级，也可以添加在子级，添加在父级的材质会影响整个布尔对象，添加在子级的材质只影响子级对象。步骤 1 ～步骤 9 创建的材质只影响布尔的子级"圆柱"

图 3-5-58

对象，门洞内部暂无材质，如图 3-5-59 所示；在对象列表中打开"城堡"对象的子级"城堡 > 城堡主楼 > 布尔 > 空白"，将白色塑料材质拖曳到"空白"对象上，为门洞内部添加材质，如图 3-5-60 所示。

图 3-5-59　　　　　　　　　　　　　　　　　图 3-5-60

步骤 11　在对象列表中打开"城堡 > 城堡主楼"的子级，将金材质拖曳到"球体"和"克隆"对象上，为城堡主楼的配饰添加金色金属材质，如图 3-5-61 所示。

步骤 12　城堡附楼主体和主楼主体一样，是一个多边形对象，有两种材质：金色金属材质和白色塑料材质，如图 3-5-62 所示。

在对象列表中打开"城堡 > 城堡附楼 > 附楼 6"的子级，将白色塑料材质拖曳到"圆柱"上，为城堡"附楼 6"添加白色塑料材质，如图 3-5-63 所示。

步骤 13　用循环选择和扩展选区工具创建选区，如图 3-5-64 所示，相关操作方法参考步骤 4。

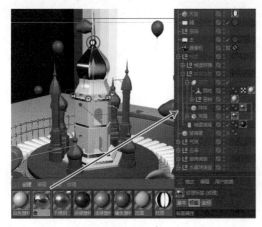

图 3-5-61　　　　　　　图 3-5-62　　　　　　　图 3-5-63

将金材质从材质窗口拖曳到选区上，为城堡"附楼 6"顶部添加金色金属材质。

步骤 14　创建选区，如图 3-5-65 所示，将金材质从材质窗口拖曳到选区上，为城堡"附楼 6"底部添加金色金属材质。

图 3-5-64　　　　　　　　　　　　　　　图 3-5-65

步骤 15　在对象列表中打开"城堡 > 城堡附楼 > 附楼 6"的子级，将金材质拖曳到"球体"对象上，为城堡"附楼6"的球体配饰添加金色金属材质，如图 3-5-66 所示。

步骤 16 参考城堡"附楼6"的材质添加步骤，为"附楼5"添加材质，如图 3-5-67 所示。

步骤 17 在对象列表中单击"城堡 > 城堡附楼 > 附楼1> 圆柱"，在多边形模式 ▣ 下创建选区，如图 3-5-68 所示，将金材质从材质窗口拖曳到选区上，为城堡"附楼1"顶部添加金色金属材质。分别创建选区，并为选区添加金色金属材质，如图 3-5-69 ~ 图 3-5-72 所示。

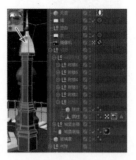

图 3-5-66　　　　　　　　　　图 3-5-67　　　　　　　　　　图 3-5-68

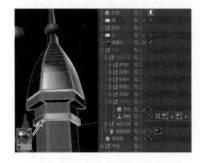
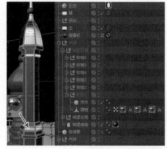
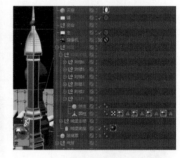

图 3-5-69　　　　　　　　　　图 3-5-70　　　　　　　　　　图 3-5-71

步骤 18 将白色塑料材质拖曳到"附楼1"的子级"圆柱"上，为城堡"附楼1"对象添加白色塑料材质，此时整个"附楼1"都具有白色塑料材质，在对象列表中将白色材质球拖曳到"UVW 标签"（黑白棋格标签）右侧，为"圆柱"对象选集外的面添加白色塑料材质，如图 3-5-73 所示。

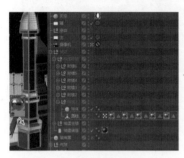
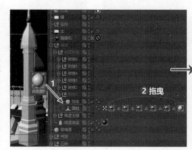

图 3-5-72　　　　　　　　　　　　　图 3-5-73

步骤 19 将金材质拖曳到"附楼1"的子级"球体"对象上，为城堡"附楼1"的配饰添加金色金属材质，如图 3-5-74 所示。

步骤 20 城堡"附楼1"的模型布线结构与"附楼2"相同，框选"附楼1"的材质、选集标签，按住 Ctrl 键拖曳复制到"附楼2"对应的对象标签栏内，如图 3-5-75 所示。

步骤 21 参考城堡"附楼1""附楼2"的材质添加步骤，为"附楼3""附楼4"添加材质，如图 3-5-76 所示。

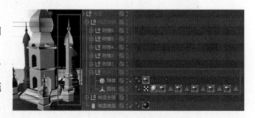

图 3-5-74

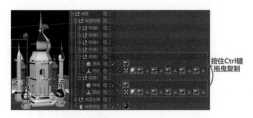

图 3-5-75

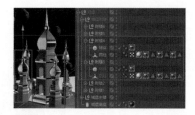

图 3-5-76

3.5.5 制作高光泽度塑料材质

扫码观看视频

步骤 1 制作云朵材质。在材质窗口按住 Ctrl 键拖曳白色塑料材质，复制出一个副本；双击材质球，打开材质编辑器，修改材质球颜色如图 3-5-77 所示；单击"反射"，设置"层 1"的"普通"参数为 20%、"粗糙度"参数为 5%、"反射强度"参数为 20%，修改材质球名称为"浅蓝塑料"，如图 3-5-78 所示。

步骤 2 将浅蓝塑料材质拖曳到对象列表中的"云朵"对象上，为所有云朵添加浅蓝塑料材质，如图 3-5-79 所示。

图 3-5-77

图 3-5-78

图 3-5-79

步骤 3 制作气球和基座配件等对象的材质。在材质窗口按住 Ctrl 键拖曳浅蓝塑料材质，复制出一个副本；双击材质球，打开材质编辑器，修改材质球颜色如图 3-5-80 所示；单击"反射"，设置"层 1"的"普通"参数为 20%，设置"粗糙度"参数为 5%，设置"反射强度"参数为 20%，修改材质球名称为"浅黄塑料"，如图 3-5-81 所示。

图 3-5-80

图 3-5-81

步骤 4 将浅黄塑料材质拖曳到对象列表中的"气球"对象上，打开"旋转底座"对象的子级，将浅黄塑料材质拖曳到"心形配件 > 心 > 管道""立方体配件 > 细分曲面"和"基座配件"对象上，为这些对象添加浅黄塑料材质，如图 3-5-82 所示。

步骤 5 还有个别对象没有贴上材质，在对象列表中打开"旋转底座"的子级，将金材质拖曳到"立方体配件 > 晶格"、"围墙 > 管道 .1"和"底座 > 底座 – 金属"对象上，为这些对象添加金色金属材质，如图 3–5–83 所示。

 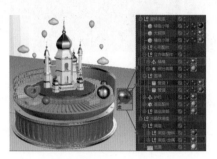

图 3–5–82　　　　　　　　　　　　　　　　　图 3–5–83

3.5.6　制作玻璃材质

步骤 1 双击材质窗口，创建一个新的材质球。勾选"透明"，在右边的透明属性面板中修改"亮度"参数为 98%、"折射率"参数为 1.05，如图 3–5–84 所示。"亮度"参数控制玻璃的透明度，"折射率"参数控制对象透过玻璃的折射变形效果。

步骤 2 勾选"反射"，在右边的反射属性面板中单击"添加 >GGX"，如图 3–5–85 所示。

步骤 3 在对象列表中单击"玻璃罩"对象右侧的红色叉，使其变为绿色钩，将玻璃材质拖曳到"玻璃罩"对象上，为玻璃罩添加玻璃材质，如图 3–5–86 所示。

图 3–5–84　　　　　　　　　　图 3–5–85　　　　　　　　　　图 3–5–86

步骤 4 单击"工具栏 > 渲染到图片查看器"工具，渲染场景，发现玻璃罩整体发白，这是因为受灯光的影响。在对象列表中单击中"主"灯光对象，在属性面板中单击"工程"，将"玻璃罩"对象拖曳到"模式 > 排除 > 对象"右侧的框里，如图 3–5–87 所示。

步骤 5 在对象列表中单击"辅"灯光对象，在属性面板中单击"工程"，将"玻璃罩"对象拖曳到"模式 > 排除 > 对象"右侧的框里，如图 3–5–88 所示。

图 3–5–87　　　　　　　　　　　　　　　　　图 3–5–88

3.6 任务 4：渲染与合成

本任务主要介绍 C4D 默认渲染器在渲染输出前的采样精度设置。

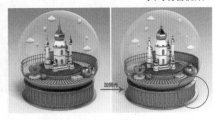
解锁技能点
设置全局光照、采样精度

3.6.1 渲染输出

步骤 1 全部材质添加完成以后，适当调整场景光线，如图 3-6-1 左图所示，当前场景整体光线适中，可以加一个侧光，使个别材质的高光适当提亮，如图 3-6-1 右图所示。单击"主"灯光对象，按住 Ctrl 键拖曳复制出一个副本，将其重命名为"侧"；适当调整"侧"灯光位置，可参考图 3-6-2 和图 3-6-3 所示。

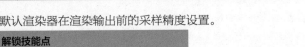

图 3-6-1

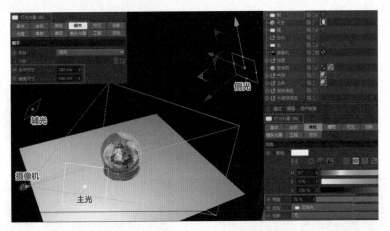

图 3-6-2

步骤 2 在对象列表中单击"侧"灯光对象，在属性面板中修改"常规 > 强度"参数为 70%，投影为"无"，修改"灯光对象 [主]> 细节 > 水平尺寸"参数为 380，修改"垂直尺寸"参数为 346，如图 3-6-2 所示。

步骤 3 单击"工具栏 > 渲染到图片查看器"工具，渲染场景，如果发现地面局部偏亮，在"灯光对象 [侧]"的属性面板中单击"工程"，将"水晶球底座"对象的子级"地面"对象拖曳到"模式 > 排除 > 对象"右侧的框里，如图 3-6-3 所示。

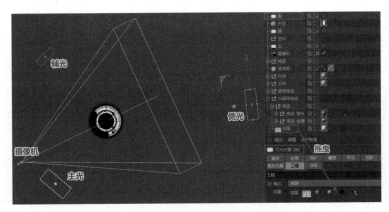

图 3-6-3

步骤 4 单击"工具栏 > 编辑渲染设置"工具，单击"输出"，设置预设尺寸、帧频和帧范围如图 3-6-4 所示。1920×1080 是全高清尺寸，也可以根据需要设置为 1280×720 高清尺寸。

步骤5 选择"保存",设置渲染文件保存路径,设置"格式"为"PNG"(PNG 序列图),"深度"为"16 位 / 通道",如图 3-6-5 所示。

步骤6 提高渲染的精度。单击"全局光照",修改"常规 > 首次反弹算法"为"辐照缓存"、"二次反弹算法"为"准蒙特卡洛(QMC)"、"漫射深度"参数为 3、"采样"为"自定义采样数量",如图 3-6-6 所示。

图 3-6-4   图 3-6-5

步骤7 单击"物理",设置"采样品质"为"中"、"模糊细分(最大)"参数为 4、"阴影细分(最大)"参数为 4,如图 3-6-7 所示。

图 3-6-6

图 3-6-7

步骤8 关闭渲染设置面板,单击"工具栏 > 渲染到图片查看器"工具 ,进行渲染。

小提示

此处设置的相关渲染参数,只能作为在学习过程中的参考,如果希望得到更好的渲染画面,可以适当改变相关参数的设置。精度越高,渲染时间越长,建议单帧测试对比后再渲染动画。图片查看器中会显示单帧渲染完成的时间,单击左上角的"另存为",可保存渲染完成的单帧画面,如图 3-6-8 所示。

图 3-6-8

3.6.2 成片后期合成

成片后期合成方法参考项目 2"2.6.2 成片后期合成"。

3.7 小结

本项目在建模方面主要讲解了球体、圆柱、立方体、管道对象的制作，使用扫描、晶格、融球功能制作三维模型的技巧，以及细分曲面、克隆功能的使用技巧，还讲解了使用点模式、边模式、多边形模式对多边形模型进行编辑的基本技巧。

动画方面主要讲解了自转动画、振动动画的制作技巧。

材质方面主要讲解了塑料、金属、玻璃、多边选集材质的制作。

渲染方面主要讲解了全局光照效果的设置，以及灯光、环境的配合技巧。最后，讲解了 C4D 的输出渲染设置。

3.8 课后拓展

本项目中，音乐盒的动画主要由旋转底座和城堡朝不同方向的自转动画组成，尝试为立方体配件和心形配件制作自转动画，丰富场景中的动画细节，如图 3-8-1 和图 3-8-2 所示。

图 3-8-1　　　　　　　　　　图 3-8-2

项目 3　水晶球音乐盒动画

89

神灯加湿器产品宣传片

4.1 项目描述

　　项目 4 为制作神灯加湿器产品宣传片。这是一个家用加湿器产品的宣传广告，主要宣传产品的外观和功能等特点，时长 40 秒。本项目将根据工作流程详细讲解整个宣传片动画的制作过程，从多边形模型的制作到 UV 贴图的编辑，从单个镜头的动画制作到多镜头动画配合，从 OC 灯光材质到渲染设置，为读者完整剖析整个项目的制作技巧，如图 4-1-1 所示。

图 4-1-1

4.2 技能概述

　　通过本项目的制作与学习，读者可以解锁以下技能点。

建模	动画	灯光材质	渲染	合成
点模式下的进阶建模	理解多镜头动画的文件安排	OC 灯光布局	OC HDRI 环境	AE 合成动画和素材
边模式下的进阶建模	掌握复杂的父子级配合动画	OC 漫射材质	OC 渲染设置	
多边形模式下的进阶建模		OC 光泽材质	OC 输出渲染设置	
布料曲面		OC 透明材质		
步幅效果器		OC 自发光材质		
		UV 贴图		
		OC 混合材质		

4.3 任务 1：神灯加湿器模型的制作

　　通过本任务的制作与学习，读者可以解锁以下技能点。

解锁技能点

点模式下的进阶建模　　边模式下的进阶建模　　多边形模式下的进阶建模　　布料曲面　　步幅效果器

模型造型调整　　　　模型造型制作　　　　模型整体厚度制作　　　水量刻度模型制作

在项目4"素材＞加湿器六视图"文件夹里有6张图片，它们是神灯加湿器的六视图，如图4-3-1所示。在建模过程中可以参照这些图片在不同角度的视图进行模型编辑，提高建模的速度和精度。加湿器模型分为3个部分：主机、水箱和连接配件，如图4-3-2所示。

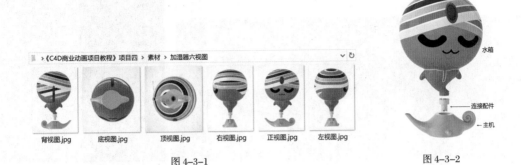

图 4-3-1

图 4-3-2

4.3.1　加湿器主机——主体模型的制作

创建神灯加湿器主机的三维模型。主机模型分为3个部分：主体、雾量刻度、雾量开关，如图4-3-3所示。主机的主体模型结构如图4-3-4所示。

图 4-3-3　　　　　　　　　图 4-3-4

步骤1　新建空白场景并保存文件，在该场景中完成神灯加湿器模型和镜头1场景的制作。在菜单栏中单击"文件＞新建"，再单击"文件＞保存"，保存名为"镜头1"的C4D文件。

步骤2　将四视图中除透视视图外的另外3个视图改为底视图、左视图、正视图，如图4-3-5所示。将"加湿器六视图"文件夹中的"顶视图"图片拖入C4D的顶视图，完成背景图片导入。在属性面板中单击"模式＞视图设置＞背景"，调整"水平尺寸"参数为800 。将"左视图"图片拖入C4D的左视图，将"正视图"图片拖入C4D的正视图，完成背景图片导入，分别在属性面板中单击"模式＞视图设置＞背景"，调整"水平尺寸"参数为800，如图4-3-6所示。

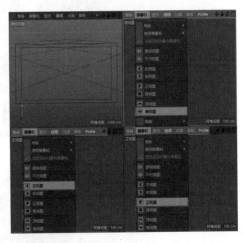

图 4-3-5

顶视图、右视图和正视图是无透视的平面视图，建模过程中可以参照背景图片进行准确的模型编辑。如果是自己设计的造型，可以手绘不同角度的、能够正确反映模型长、宽、高尺寸的正投影工程图，再置入C4D对应的视图背景中作为参考。

步骤3　完成主机的主体模型。主体模型的制作方法是先将圆柱体编辑成基本形状后，挤出喷嘴，再接上由扫描工具创建的螺旋手柄。

单击"工具栏＞圆柱"█工具，创建一个圆柱，修改属性面板中的"圆柱对象＞对象＞半径"参数为155cm、"高度"参数为140cm、"高度分段"参数为1、"旋转分段"参数为6、"方向"参数为+y，修改 "坐标＞P.Y"（y轴位置）参数为-428cm，"R.H"（y轴方向的轴线）参数为30°，使圆柱的外形与位置匹配背景图中的加湿器主机，如图 4-3-7 所示。

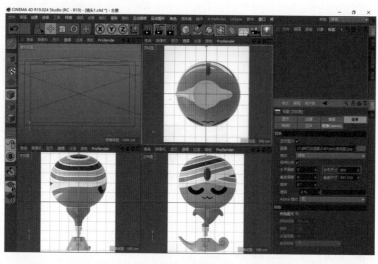

图 4-3-6

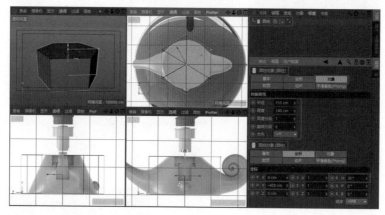

图 4-3-7

步骤4 单击"工具栏 > 细分曲面"工具 ，对象列表中会出现"细分曲面"对象，在对象列表里把"圆柱"对象拖曳到"细分曲面"上作为其子级，修改属性面板中的"细分曲面［细分曲面］> 对象 > 渲染器细分"参数为 4，如图 4-3-8 所示。为模型添加细分曲面后，其外形会根据自身的网格线分布呈现出圆滑效果，这一步在整个模型完成后再做也可以，现在加上细分曲面是为了方便在建模过程中观察圆滑的模型是否能精确地匹配工程图里描绘的外形。

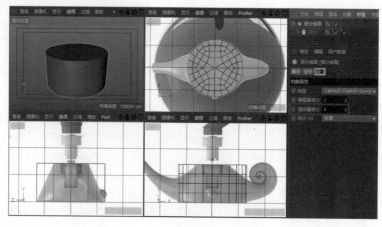

图 4-3-8

步骤5 父级"细分曲面"添加后，仅在需要观察圆滑模型效果时激活，编辑模型时单击隐藏/显示栏中的绿色勾，使其变为红色叉即可暂停激活。

在对象列表中单击"圆柱"对象。按快捷键"C"将"圆柱""转为可编辑对象"，注意快捷键必须在英文输入法下使用。单击"编辑模式工具栏>点模式"工具 🔘，单击"工具栏>框选"工具 ▨，框选圆柱顶部一圈点，如图4-3-9所示。单击"工具栏>缩放"工具 🔲，或按快捷键"T"调出缩放工具，缩小这圈点，使圆柱的外形符合加湿器的造型，如图4-3-10所示。激活"细分曲面"观察一下造型后将其暂停激活。

图4-3-9

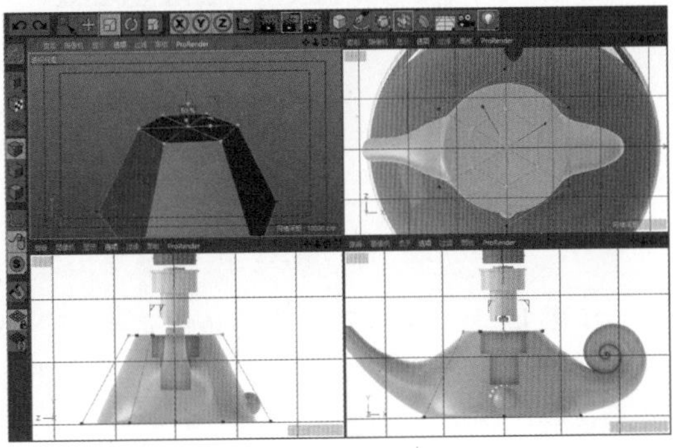

图4-3-10

步骤6 完成加湿器主机的喷嘴。单击"编辑模式工具栏>多边形模式"工具 🔲，选中截面，如图4-3-11所示；右击，执行"挤压"命令，如图4-3-12所示，或按快捷键"M"后按快捷键"T"调出挤压工具，挤压造型如图4-3-13所示。

图4-3-11 　　　　图4-3-12

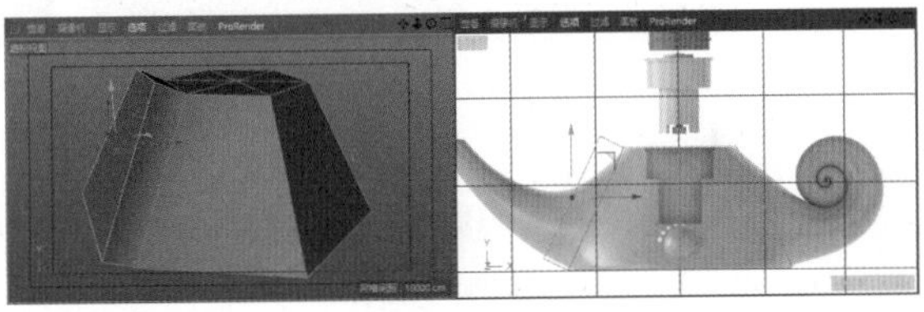

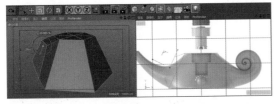

图4-3-13

步骤7 使用 缩放工具 🔲，在 y 轴方向缩小已选的面，如图4-3-14所示。

步骤8 单击"工具栏>移动"工具 ✛，在 y 轴方向移动已选的面，使圆柱的外形符合加湿器喷嘴的造型，如图4-3-15所示。.

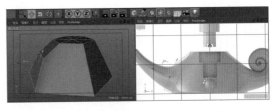

图4-3-14

图4-3-15

步骤9 单击"点模式"工具 🔘，单击"工具栏>框选"工具 ▨，在正视图中框选新挤压面下侧的两个点，如图4-3-16所示。单击"工具栏>坐标系统"工具，调出全局坐标系统工具 🔲，使用缩放工具 🔲，在 x 轴缩小已选的两个点，如图4-3-17所示。

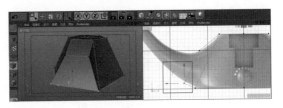

图4-3-16

步骤10 单击"工具栏>坐标系统"工具，调出对象坐标系统工具 🔲，单击"多边形模式"工具 🔲，选中截面，如图4-3-18所示。使用缩放工具 🔲，

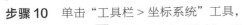

在 y 轴缩小已选面，使已选面造型接近正方形。

图 4-3-17

图 4-3-18

步骤 11 按快捷键"M"后按快捷键"T"调出挤压工具，挤压造型如图 4-3-19 所示。使用缩放工具 缩小已选面，并使用移动工具 在正视图中适当移动已选面，使圆柱的外形符合加湿器的造型，如图 4-3-20 所示。

图 4-3-19

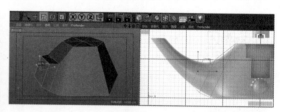

图 4-3-20

步骤 12 单击"工具栏 > 旋转"工具 ，以 z 轴为中心旋转已选面，如图 4-3-21 所示。

步骤 13 使用缩放工具 缩小已选面，并使用移动工具 在正视图中适当移动已选面，使"圆柱"对象的外形符合加湿器的造型，如图 4-3-22 所示。

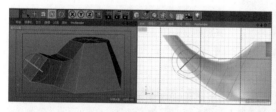

图 4-3-21

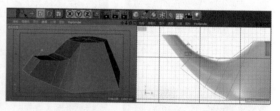

图 4-3-22

步骤 14 按快捷键"M"后按快捷键"T"调出挤压工具，挤压造型如图 4-3-23 所示。单击"工具栏 > 旋转"工具 ，以 z 轴为中心旋转已选面，如图 4-3-24 所示。

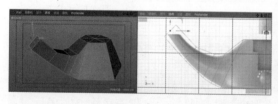

图 4-3-23

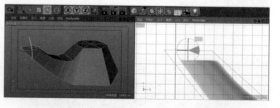

图 4-3-24

步骤 15 单击"点模式"工具 ，单击"框选"工具 ，激活"细分曲面"。在正视图、底视图、左视图中框选调整"圆柱"对象的点，使加湿器喷嘴的外形在 3 个平面视图中都符合加湿器的造型，如图 4-3-25 所示。暂停激活"细分曲面"。

步骤 16 单击"多边形模式"工具 ，选中截面，如图 4-3-26 所示，右击，执行"内部挤压"命令或按快捷键"M"后按快捷键"W"调出内部挤压工具，挤压造型如图4-3-26所示。

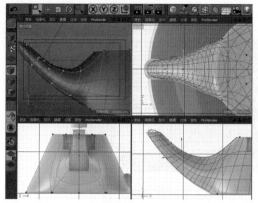

图4-3-25

图4-3-26

步骤17 右击，执行"内部挤压"命令或按快捷键"M"后按快捷键"T"调出挤压工具，连续挤压两次，挤压的喷嘴造型如图4-3-27所示。

步骤18 单击"编辑模式工具栏 > 边模式"工具，按快捷键"U"后按快捷键"L"调出循环选择工具，按住Shift键并配合鼠标左键加选两条边缘线，如图4-3-28所示。

步骤19 右击，执行"倒角"命令，或按快捷键"M"后按快捷键"S"调出倒角工具，在视窗空白处按住鼠标左键并向右拖曳创建倒角，属性面板中的"倒角 > 工具选项 > 偏移"参数会随着鼠标指针的拖曳而变化，当"偏移"参数变为2cm时，停止拖曳；或直接在属性面板中修改"倒角 > 工具选项 > 偏移"参数为2cm。在属性面板中修改"倒角 > 工具选项 > 细分"参数为2，如图4-3-29所示。

步骤20 激活"细分曲面"观察一下造型，根据背景工程图适当调整后将其暂停激活，如图4-3-30所示。

步骤21 完成加湿器主机的螺旋手柄。将左视图改为右视图，将"加湿器六视图"文件夹中的"右视图"图片拖入C4D的右视图，完成背景图片导入，如图4-3-31所示。在属性面板中单击"模式 > 视图设置 > 背景"，调整"水平尺寸"参数为800。

图4-3-27

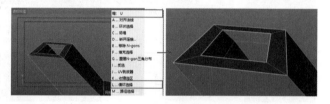

图4-3-28

图4-3-29

扫码观看视频

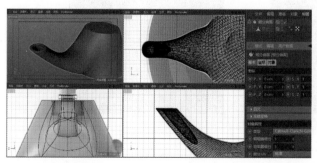

图4-3-30

图4-3-31

步骤 22 单击"多边形模式"工具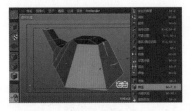，选中截面，如图4-3-32所示。按快捷键"M"和快捷键"T"调出挤压工具，挤压造型如图4-3-33所示。

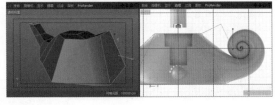

图4-3-32　　　　　　　　　　　　　　图4-3-33

步骤 23 使用缩放工具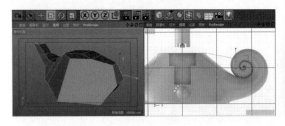缩小已选面，如图4-3-34所示。使用移动工具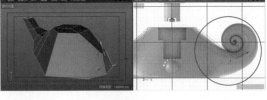在正视图中适当移动已选面，使圆柱的外形符合加湿器的造型，如图4-3-35所示。

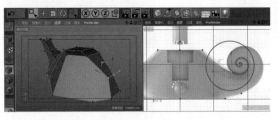
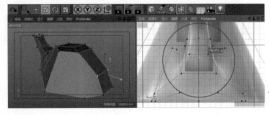

图4-3-34　　　　　　　　　　　　　　图4-3-35

步骤 24 单击"点模式"工具，单击"框选"工具，在正视图中框选新挤压面上侧的两个点，如图4-3-36所示。单击"工具栏 > 坐标系统"工具，调出全局坐标系统工具，使用缩放工具，在 *x* 轴放大已选的两个点，如图4-3-37所示。

图4-3-36　　　　　　　　　　　　　　图4-3-37

步骤 25 单击"编辑模式工具栏 > 模型"工具，单击"工具栏 > 矩形"工具，创建一个矩形，修改属性面板中的"矩形对象 [矩形] > 对象 > 宽度"参数为70cm、"高度"参数为70cm，如图4-3-38所示。

步骤 26 单击"工具栏 > 螺旋"工具，如图4-3-39所示，创建一个螺旋，修改属性面板中的"螺旋对象 [螺旋] > 对象 > 起始半径"参数为0cm、"开始角度"参数为0°、"终点半径"参数为75cm、"结束角度"参数为2100°、"半径偏移"参数为0%、"高度"参数为0cm、"高度偏移"参数为0%、"细分数"参数为40、"点插值方式"为"自然"、"数量"参数为0；将"螺旋"对象移动到加湿器主机的手柄位置，如图4-3-40所示。

图4-3-38　　　　　　　　　　　　　　图4-3-39

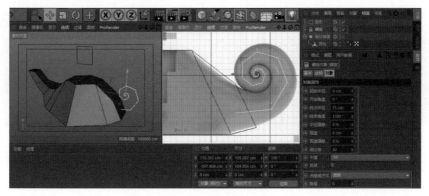

图 4-3-40

步骤 27　单击"工具栏 > 扫描"工具 ![icon]，对象列表中会出现"扫描"对象，在对象列表里把步骤 25、26 创建的"矩形"对象 和"螺旋"对象拖曳到"扫描"对象上，作为"扫描"对象的子级，如图 4-3-41 所示。注意两个子级对象的层级关系，"螺旋"对象在"矩形"对象的下层。

步骤 28　在对象列表里把"扫描"对象拖曳到"细分曲面"对象上，作为"细分曲面"对象的第一子级，如图 4-3-42 所示。激活"细分曲面"观察模型的圆滑效果。"细分曲面"只对第一个子级对象起作用，也就是只对一个子级对象起作用。

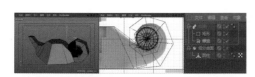

图 4-3-41

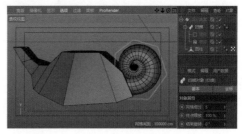

图 4-3-42

步骤 29　在对象列表里单击"扫描"对象，修改属性面板"扫描对象［扫描］> 对象 > 细节 > 缩放"曲线中的如图 4-3-43 所示，缩放参数可以改变扫描对象的粗细变化。

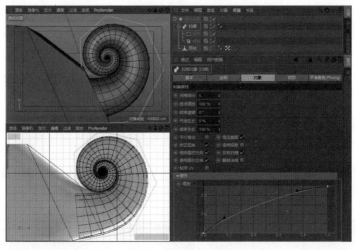

图 4-3-43

步骤 30　在对象列表里取消激活"细分曲面"和隐藏"圆柱"对象，单击"扫描"对象，修改属性面板中的"扫描对象［扫描］> 封顶 > 末端"为"无"，使"扫描"对象末端不封顶，取消隐藏"圆柱"对象，如图 4-3-44 所示。

步骤 31　在对象列表中单击"扫描"对象，按快捷键"C"将"扫描"对象转为可编辑对象，如图 4-3-45 所示。

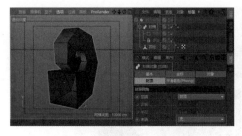
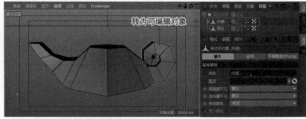

图 4-3-44　　　　　　　　　　　　　　　　　　　　图 4-3-45

扫码观看视频

步骤 32　在对象列表中单击"圆柱"对象，单击"多边形模式"工具 ▦，选中截面并删除，如图 4-3-46 所示。

步骤 33　在对象列表中框选或按住 Shift 键加选"扫描"和"圆柱"两个对象，右击，执行"连接对象 + 删除"命令，将这两个对象连接成一个对象，如图 4-3-47 所示。

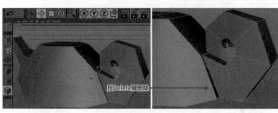
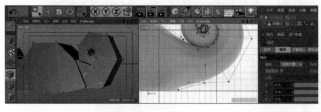

图 4-3-46　　　　　　　　　　　　　　　　　　　　图 4-3-47

步骤 34　缝合模型。单击"点模式"工具 ▦，单击"框选" 工具 ▦，在正视图中框选调整手柄模型和主机连接位置的点，如图 4-3-48 所示。

步骤 35　选中模型前下侧需要缝合在一起的两个点，右击，执行"缝合"命令或按快捷键"M"和快捷键"P"调出缝合工具，如图 4-3-49 所示，将需要缝合的点从一个点拖曳到另一个点上，完成缝合，如图 4-3-50 所示。

图 4-3-48　　　　　　　　　　　　　　　　　　　　图 4-3-49

步骤 36　分别选中模型前上侧、后下侧、后上侧需要缝合在一起的两个点，使用缝合工具完成缝合，如图 4-3-51 ~ 图 4-3-53 所示。相关操作方法参考步骤 35。

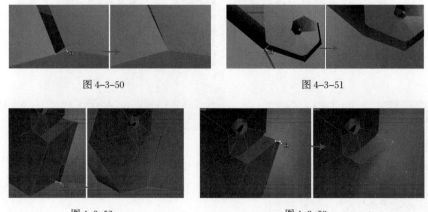

图 4-3-50　　　　　　　　　　　　　　　　　　　　图 4-3-51

图 4-3-52　　　　　　　　　　　　　　　　　　　　图 4-3-53

步骤 37 激活"细分曲面",查看模型圆滑后的效果。用框选、移动、缩放工具,在正视图、底视图、左视图中适当调整模型的点,使模型在3个平面视图中的形状都符合加湿器主机的造型,如图4-3-54所示。

步骤 38 完成加湿器主机的内部凹槽结构。将底视图改为顶视图,将"加湿器六视图"文件夹中的"顶视图"图片拖入C4D的顶视图,完成背景图片导入,如图4-3-55所示。在属性面板中单击"模式 > 视图设置 > 背景",调整"水平尺寸"参数为800。

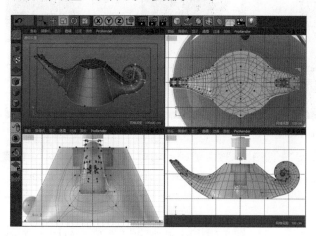

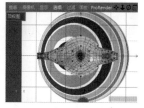

图 4-3-54   图 4-3-55

步骤 39 在对象列表中取消激活"细分曲面",选中"扫描.1"对象,单击"多边形模式"工具 ![icon],单击"工具栏 > 实时选择"工具 ![icon],选中对象顶部的面,如图4-3-56所示,右击,执行"内部挤压"命令,或按快捷键"M"后按快捷键"W"调出内部挤压工具,向左拖曳鼠标指针,挤压造型如图4-3-57所示,挤压的时候注意观察并参考顶视图的背景工程图。

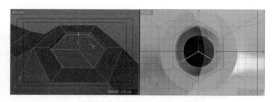

图 4-3-56   图 4-3-57

步骤 40 按快捷键"M"后按快捷键"T"调出挤压工具,向左拖曳鼠标指针,挤压造型如图4-3-58所示,挤压的时候注意观察并参考前视图的背景工程图。

步骤 41 按快捷键"M"后按快捷键"W"调出内部挤压工具,向左拖曳鼠标指针,挤压造型如图4-3-59所示,挤压的时候注意观察并参考顶视图的背景工程图。

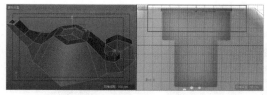

图 4-3-58   图 4-3-59

步骤 42 按快捷键"M"后按快捷键"T"调出挤压工具,向左拖曳鼠标指针,挤压造型如图4-3-60所示,挤压的时候注意观察并参考前视图的背景工程图。

步骤 43 按快捷键"M"后按快捷键"W"调出内部挤压工具,向左拖曳鼠标指针,挤压造型如图4-3-61所示,挤压的时候注意观察并参考顶视图的背景工程图。

步骤 44 按快捷键"M"后按快捷键"T"调出挤压工具,向左拖曳鼠标指针,挤压造型如图4-3-62

所示，挤压的时候注意观察并参考前视图的背景工程图。

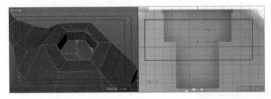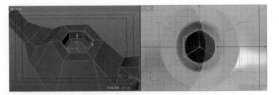

图 4-3-60　　　　　　　　　　　　　　　　图 4-3-61

步骤 45　单击"编辑模式工具栏 > 边模式"工具 ，按快捷键"U"后按快捷键"L"调出循环选择工具，按住 Shift 键加选内部凹槽所有的棱边线，如图 4-3-63 所示。

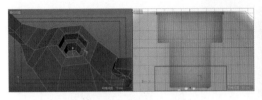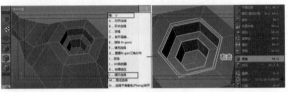

图 4-3-62　　　　　　　　　　　　　　　　图 4-3-63

右击，执行"倒角"命令，或按快捷键"M"后按快捷键"S"调出倒角工具，如图 4-3-63 所示，在属性面板中修改"倒角 > 工具选项 > 偏移"参数为 0.5cm、"细分"参数为 1，如图 4-3-64 所示。

步骤 46　图 4-3-65 所示的红圈处为封顶的边缘，该封顶边缘很锐利，需要进行适当的细分圆滑处理。现在的对象创建的原型是圆柱，在未优化过的情况下，封顶和模型是分离的，所以在"细分曲面"下没有细分效果，也无法做倒角。右击，执行"优化"命令，优化模型，使封顶与模型结合。

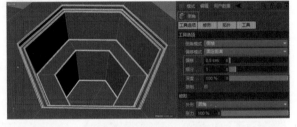

图 4-3-64

步骤 47　单击"多边形模式"工具 ，按快捷键"U"后按快捷键"L"调出循环选择工具，选中模型顶部的一圈面，如图 4-3-66 所示。

图 4-3-65

步骤 48　按快捷键"M"后按快捷键"W"调出内部挤压工具，在属性面板中修改"内部挤压 > 偏移"参数为 0.1cm、"细分数"参数为 1，如图 4-3-67 所示。

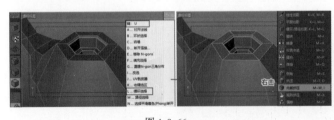

图 4-3-66　　　　　　　　　　　　　　　　图 4-3-67

步骤 49　单击"工具栏 > 实时选择"工具 ，选中模型底部的面，如图 4-3-68 所示。按快捷键"M"后按快捷键"W"调出内部挤压工具，在属性面板中修改"内部挤压 > 偏移"参数为 1cm、"细分数"参数为 1，如图 4-3-69 所示。

步骤 50　激活"细分曲面"观察一下模型造型是否贴合背景工程图，如图 4-3-70 所示。

步骤 51　在对象列表中双击"细分曲面"对象，将其重命名为"主体"，如图 4-3-71 所示。

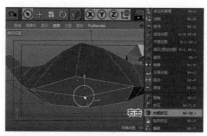

图 4-3-68　　　　　　　　　　　　　　　图 4-3-69

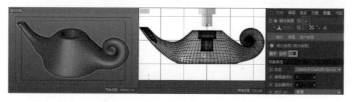

图 4-3-70　　　　　　　　　　　　图 4-3-71

4.3.2　加湿器主机——雾量开关的制作

步骤1　雾量开关由一大一小两个球体组成，大球为开关，小球为指示灯，如图 4-3-72 所示。单击"工具栏 > 球体"工具 ，创建一个球体，修改属性面板中的"球体对象 [球体] > 对象 > 半径"参数为 19cm、"分段"参数为 64，在右视图和正视图中根据背景工程图移动球体到相应的位置，如图 4-3-73 所示。

步骤2　单击"工具栏 > 球体"工具 ，创建一个球体，修改属性面板中的"球体对象 [球体 .1] > 对象 > 半径"参数为 1.5cm、"分段"参数为 24，在顶视图和正视图中根据背景工程图移动球体到相应的位置，如图 4-3-74 所示。

图 4-3-72

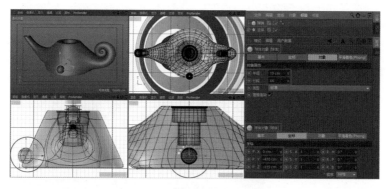

图 4-3-73

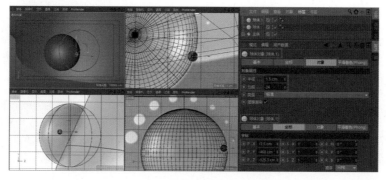

图 4-3-74

步骤 3　在对象列表中双击"球体 .1"对象，将其重命名为"指示灯"，如图 4-3-75 所示。

步骤 4　同时选中"指示灯"和"球体"，按组合键"Alt+G"将它们编组为"空白"对象，双击"空白"对象，将其重命名为"雾量开关"，如图 4-3-76 所示。

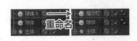

图 4-3-75

图 4-3-76

4.3.3　加湿器主机——雾量刻度的制作

雾量刻度是一个由 8 个从大到小的圆柱排成半圆环形的模型，如图 4-3-77 所示。

步骤 1　单击"工具栏 > 圆柱"工具 ，创建一个圆柱，修改属性面板、"圆柱对象 > 对象 > 半径"参数为 3cm、"高度"参数为 5cm、"高度分段"参数为 1、"旋转分段"参数为 36、"方向"参数为 +Y，如图 4-3-78 所示。

修改"封顶 > 圆角"为勾选状态，"分段"参数为 5、"半径"参数为 0.5cm，如图 4-3-79 所示。

图 4-3-77

图 4-3-78

图 4-3-79

步骤 2　在菜单栏中单击"运动图形 > 克隆"工具 ，如图 4-3-80 所示。对象列表中会出现"克隆"对象，在对象列表里把"圆柱"对象拖曳到"克隆"对象上，作为"克隆"对象的子级；在对象列表中单击"克隆"对象、修改属性面板中的"克隆对象 [克隆] > 对象 > 模式"为"放射"，"数量"参数为 8、"半径"参数为 23cm、"平面"参数为 XZ、"开始角度"参数为 -75.5。"结束角度"参数为 101°，如图 4-3-81 所示。

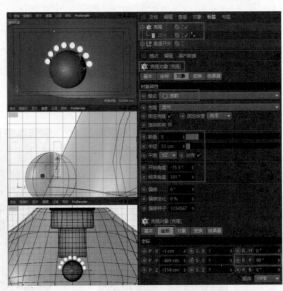

图 4-3-80

图 4-3-81

修改"坐标 >R.P"（ y 轴方向旋转）参数为90°，在右视图和正视图中移动"克隆"对象到相应的位置。

步骤 3　使克隆得到的圆柱从大到小排列。在对象列表中单击"克隆"对象，再单击菜单栏中的"运动图形 > 效果器 > 步幅" ，如图 4-3-82 所示，"克隆对象［克隆］> 效果器 > 效果器"右侧的框里会出现"步幅"效果器。这里需要先选中"克隆"对象，再选择效果器，效果器才会自动添加到"克隆"的效果器中。如果之前没有选中"克隆"对象，把效果器添加到对象列表中后，可以直接把效果器拖曳到"克隆"对象的效果器框里，如图 4-3-83 所示。一个"克隆"对象可以添加多个效果器。

图 4-3-82　　　　　　　　　　　　　图 4-3-83

步骤 4　在对象列表中单击"步幅"对象，在步幅［步幅］属性面板中按住 Shift 键加选"效果器"和"参数"，这样属性面板中会出现这两个属性的参数，方便同步调整。"参数 > 变换 > 缩放"默认为勾选状态，"位置""旋转"默认为不勾选状态；修改"效果器 > 最小 / 最大 > 最大"参数为 -79%，修改"样条"为直线，0.0 端为 0.0，1.0 端为 1.0，如图 4-3-84 所示。"效果器"面板的参数主要用来调整"参数"面板各参数的变化效果。

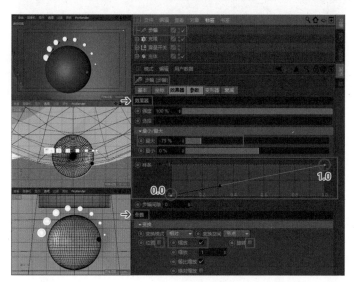

图 4-3-84

步骤 5　现在的"克隆"对象通过步幅效果器的调整，已经可以从大到小变化，但"克隆"的排列位置为直线，不能贴合加湿器主机的曲面外形，如图 4-3-85 左图所示。为"克隆"再添加一个步幅效果器，控制其排列的位置。

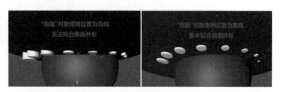

图 4-3-85

在对象列表中单击"克隆"对象，单击菜单栏中的"运动图形 > 效果器 > 步幅" ，"克隆对象［克隆］> 效果器 > 效果器"右侧的框里会出现"步幅 .1"效果器，如图 4-3-86 所示。

步骤 6　在对象列表中单击"步幅 .1"对象，在步幅［步幅 .1］属性面板中按住 Shift 键加选"效果器"和"参数"。修改"参数 > 变换 > 位置"为勾选状态，"P.Y"参数为 3，修改"缩放""旋转"为不勾选状态；修改"效果器 > 最小 / 最大 > 最小"参数为 27%，修改"样条"曲线，如图 4-3-87 所示。

图 4-3-86

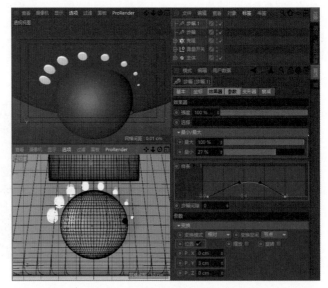

图 4-3-87

步骤 7 通过步幅的调整，"克隆"对象的排列有了曲度的变化，配合调整"克隆"对象的相关参数使"克隆对象"更贴合加湿器主机的曲面外形，如图 4-3-88 所示。

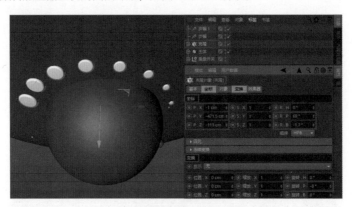

图 4-3-88

步骤 8 在对象列表中按住 Ctrl 键的同时选中"步幅.1""步幅"和"克隆"，按组合键"Alt+G"将它们编组为"空白"对象，双击"空白"对象，将其重命名为"雾量刻度"，如图 4-3-89 所示。

步骤 9 在对象列表中按住 Ctrl 键的同时选中"雾量刻度""雾量开关"和"主体"，按组合键"Alt+G"将它们编组为"空白"对象，双击"空白"对象，将其重命名为"主机"，如图 4-3-90 所示。

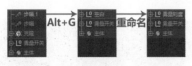

图 4-3-89

图 4-3-90

4.3.4 灯神水箱模型的制作

水箱的造型是一个灯神，水箱模型分为 3 个部分：水箱、水位窗口、接口螺纹，如图 4-3-91 所示。

步骤 1 完成水箱模型的制作。在对象列表"主机"模型名称右侧的隐藏 / 显示栏中，单击控制编辑器是否可见的按钮，将其变为红色，如图 4-3-92 所示，在编辑器中隐藏该对象。

扫码观看视频

单击"工具栏＞球体"工具 ，创建一个球体。单击"工具栏＞细分曲面"工具 ，在对象列表里把"球体"拖曳到"细分曲面"上作为其子级，如图4-3-92所示。水箱模型将通过"球体"对象编辑而成。因为细分曲面会对其子级的外形产生一定程度的缩小圆滑影响，所以先为模型添加细分曲面便于在建模过程中观察圆滑后的模型是否能精确地符合工程图里描绘的外形。

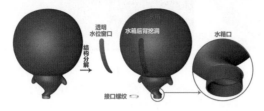

图 4-3-91

图 4-3-92

步骤 2　在对象列表中单击"球体"，在球体对象［球体］属性面板中按住Shift键加选"坐标"和"对象"，方便同步调整。修改属性面板中的"球体对象［球体］＞对象＞半径"参数为310cm、"分段"参数为24，修改属性面板中的"球体对象［球体］＞坐标＞P.X"（x轴位置）参数为18cm、坐标＞P.Y（y轴位置）参数为217cm、坐标＞P.Z"（z轴位置）参数为0cm，使球体对齐灯神造型的头部，如图4-3-93所示。

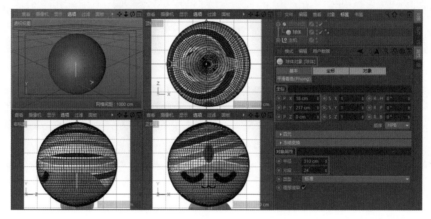

图 4-3-93

步骤 3　按快捷键"C"将"球体"转为可编辑对象。单击"点模式"工具 ，单击"移动"工具 ，修改属性面板中的"移动＞柔和选择＞启用"为勾选状态，"预览"为勾选状态，"半径"参数为310cm，"强度"参数为100%；单击选中球体顶端的点，在y轴方向向下移动所选点，使球体顶部造型符合背景工程图里描绘的外形，如图4-3-94所示。

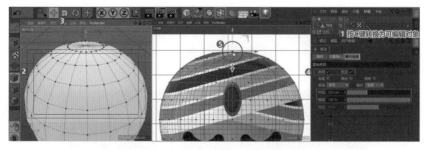

图 4-3-94

步骤 4　修改属性面板中的"移动＞柔和选择＞半径"参数为250cm、"强度"参数为100%；单击选中球体底端的点，在y轴方向向上移动所选点，使球体底部造型符合背景工程图里描绘的外形，如图4-3-95所示。

步骤 5　"球体"对象外形调整完毕后，在属性面板中取消勾选"启用"；单击选中球体底端的点，在y轴方向向上移动所选点，使球体底部造型形成一个圆形平面，如图4-3-96所示。

图 4-3-95

步骤 6 单击"多边形模式"工具■，单击"实时选择"工具■，选中对象底部的面，如图 4-3-97 所示。使用缩放工具■放大已选面，使面的大小符合背景图中灯神颈部的大小，如图 4-3-98 所示。使用移动工具➕在正视图中移动已选面到灯神头身相接的位置，如图 4-3-99 所示。

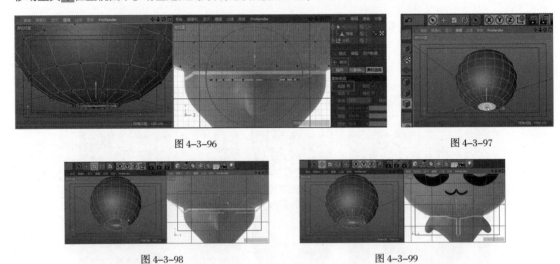

图 4-3-96

图 4-3-97

图 4-3-98

图 4-3-99

步骤 7 按快捷键"M"后按快捷键"T"调出挤压工具，连续挤压两次，挤压造型如图 4-3-100 所示。

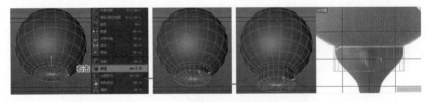

图 4-3-100

步骤 8 使用缩放工具■缩小已选面，使面的大小符合背景图中灯神身体中部的大小，如图 4-3-101 所示。按快捷键"M"后按快捷键"T"调出挤压工具，挤压造型如图 4-3-102 所示。缩小已选面，使面的大小符合背景图中灯神身体中下部的大小。

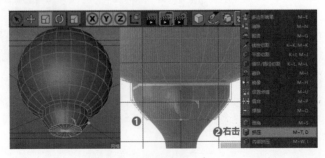

图 4-3-101

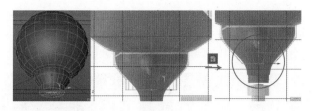

图 4-3-102

步骤9 按快捷键 "M" 后按快捷键 "T" 调出挤压工具，挤压造型如图 4-3-103 所示。缩小已选面，使面的大小符合背景图中灯神身体中下部的大小。

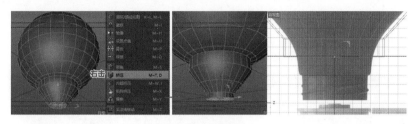

图 4-3-103

步骤10 使用缩放工具 缩小已选面，使面的大小符合背景图中灯神身体下部的大小，如图 4-3-104 所示。按快捷键 "M" 后按快捷键 "T" 调出挤压工具，挤压造型如图 4-3-105 所示。缩小已选面，使面的大小符合背景图中灯神身体下部的大小，如图 4-3-106 所示。

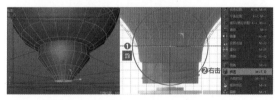

图 4-3-104

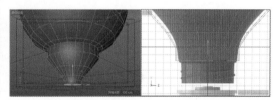

图 4-3-105

步骤11 按快捷键 "M" 后按快捷键 "T" 调出挤压工具，挤压造型如图 4-3-107 所示，使用缩放工具 缩小已选面，使面的大小符合背景图中水箱接口的大小，形成一个倒角，如图 4-3-108 所示。

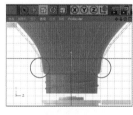

图 4-3-106

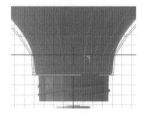

图 4-3-107

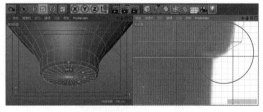

图 4-3-108

步骤12 水箱接口处有一圈明显的转折，如图 4-3-109 所示，为了在细分曲面后能有明显的转折造型，需要再增加一圈结构线。按快捷键 "M" 后按快捷键 "W" 调出内部挤压工具，挤压造型如图 4-3-110 所示，再挤压出一圈结构线，使新挤压出来的面接近原来的面的大小。

尖角

图 4-3-109

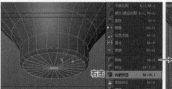

图 4-3-110

步骤13 右击，执行"挤压"命令，或按快捷键 "M" 后按快捷键 "T" 调出挤压工具，挤压造型如图 4-3-111 左图所示，完成水箱接口处的模型挤压。按快捷键"M"后按快捷键"W"调出内部挤压工具，再挤压出一圈结构线，使新挤压出来的面接近原来的面的大小，如图 4-3-111 右图所示。这样操作可使细分曲面后的接口有一个比较锐利的转折效果。

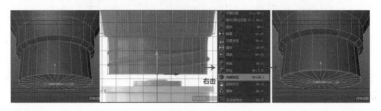

图 4-3-111

步骤 14　对灯神的身体进行适当的调整，使水箱模型更贴合背景工程图里描绘的外形。单击"边模式"工具，按快捷键"U"和快捷键"L"调出循环选择工具，配合缩放工具调整对象，如图 4-3-112 所示。

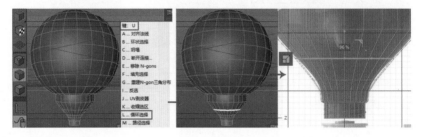

图 4-3-112

步骤 15　激活"细分曲面"观察模型，可以在"细分曲面"激活的状态下调整模型边，如图 4-3-113 所示。

如果出现图 4-3-114 所示的情况：灯神水箱头身接缝处无法通过调整现有的布线使造型贴合背景工程图里描绘的外形，可以通过增加布线来优化模型。右击，执行"循环 / 路径切割"命令，如图 4-3-115 所示；将鼠标指针移到模型的其中一条 y 轴方向的分段线上，模型上会出现一条橙黄色的切割线，移动鼠标指针，使切割线在头身接缝处，单击确定切割，如图 4-3-116 所示。

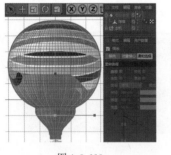
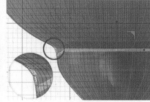

图 4-3-113　　　　　　　　图 4-3-114　　　　　　　　图 4-3-115

步骤 16　编辑水箱模型的正面造型。单击"点模式"工具，用框选工具、移动工具和缩放工具调整水箱模型的正面造型，如图 4-3-117 所示。

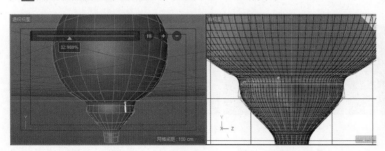
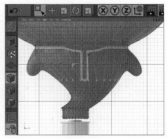

图 4-3-116　　　　　　　　　　　　　图 4-3-117

步骤17 挤压出灯神的手模型。在对象列表中取消激活"细分曲面",选中"球体"对象,单击"多边形模式"工具■,使用实时选择工具■在右视图中选中面,如图4-3-118所示,按快捷键"M"和快捷键"W"调出内部挤压工具,向左拖曳鼠标指针,挤压造型如图4-3-119所示,使内部挤压出的面的宽度和背景工程图中手的宽度相仿。

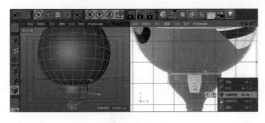

图4-3-118　　　　　　　　　　　　　图4-3-119

步骤18 使用移动工具✦适当向上调整挤出面,如图4-3-120所示,注意不要超过标红的那条线。按快捷键"M"后按快捷键"T"调出挤压工具,挤压造型如图4-3-121所示。

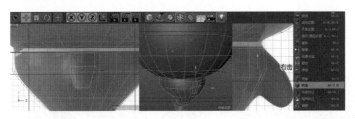

图4-3-120

步骤19 使用缩放工具■缩小挤压出来的面,如图4-3-122所示。用移动工具✦和旋转工具◌调整造型,如图4-3-123所示。

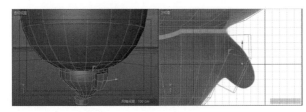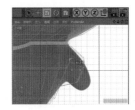

图4-3-121　　　　　　　　　　　　　图4-3-122

步骤20 按快捷键"M"后按快捷键"T"调出挤压工具,挤压造型如图4-3-124左图所示;用移动工具✦、缩放工具■和旋转工具◌调整造型,如图4-3-124右图所示,使对象形状符合工程图中灯神的手部造型。

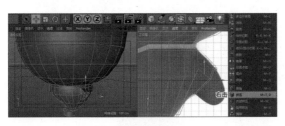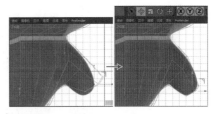

图4-3-123　　　　　　　　　　　　　图4-3-124

步骤21 现在的模型手臂细分后的横截面是方形的,需要编辑点把手臂的横截面调整成圆形。单击"点模式"工具■,用框选工具■在正视图中框选点,如图4-3-125所示,使用缩放工具■在右视图的z轴方向调整两个点的位置。

步骤22 选中点,如图4-3-126所示,使用缩放工具■在右视图的z轴方向调整3个点的位置。

步骤23 用移动工具✦调整点,如图4-3-127所示。

图 4-3-125

图 4-3-126

图 4-3-127

步骤 24　激活"细分曲面"观察造型，调整点如图 4-3-128 和图 4-3-129 所示，把手臂的横截面调整成圆形。

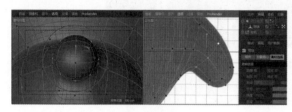

图 4-3-128

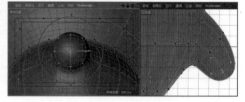

图 4-3-129

步骤 25　挤压出灯神的另一边手模型。将右视图改为左视图，将"加湿器六视图"文件夹中的"左视图"图片拖入 C4D 的右视图，完成背景图片导入，如图 4-3-130 所示。在属性面板中单击"模式 > 视图设置 > 背景"，调整"水平尺寸"参数为 800。

步骤 26　在对象列表中取消激活"细分曲面"，选中"球体"对象，单击"多边形模式"工具 ，使用实时选择工具 在右视图中选中面，如图 4-3-131 所示，按快捷键"M"后按快捷键"W"调出内部挤压工具，向左拖曳鼠标指针，挤压造型如图 4-3-132 所示，使内部挤压出的面的宽度和背景工程图中手的宽度相仿。

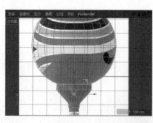

图 4-3-130

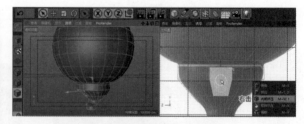

图 4-3-131

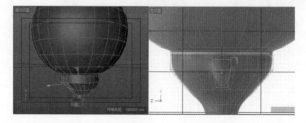

图 4-3-132

步骤 27 单击"边模式"工具 ▣，使用移动工具 ✛，按住 Shift 键加选线，如图 4-3-133 左图所示，使用缩放工具 ▣ 在左视图的 z 轴方向拉长线，如图 4-3-133 右图所示。

步骤 28 单击"多边形模式"工具 ▣，按快捷键"M"后按快捷键"T"调出挤压工具，挤压造型如图 4-3-134 所示。

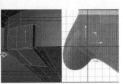

图 4-3-133   图 4-3-134

步骤 29 单击"边模式"工具 ▣，使用移动工具 ✛，按住 Shift 键加选线，如图 4-3-135 左图所示，使用移动工具 ✛ 在正视图中调整线，如图 4-3-135 右图所示。

步骤 30 单击"点模式"工具 ▣，使用移动工具 ✛ 调整两个点的位置，如图 4-3-136 所示。

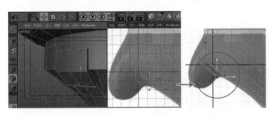
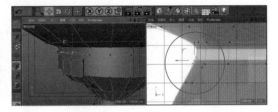

图 4-3-135   图 4-3-136

步骤 31 单击"多边形模式"工具 ▣，使用实时选择工具 ▣ 选中面，如图 4-3-137 左图所示，按快捷键"M"后按快捷键"T"调出挤压工具，挤压造型如图 4-3-137 右图所示。

步骤 32 使用缩放工具 ▣ 缩小挤压出来的面，如图 4-3-138 所示。

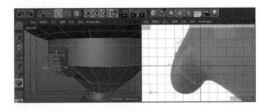

图 4-3-137   图 4-3-138

步骤 33 单击"点模式"工具 ▣，使用框选工具 ▣ 在正视图中框选并移动点，使对象外形贴合工程图中灯神的手部造型，如图 4-3-139 所示。

步骤 34 单击"多边形模式"工具 ▣，使用实时选择工具 ▣ 选中面，如图 4-3-140 左图所示，按快捷键"M"后按快捷键"T"调出挤压工具，挤压造型如图 4-3-140 右图所示。

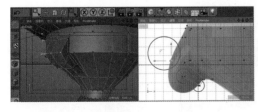
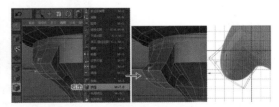

图 4-3-139   图 4-3-140

步骤 35 使用缩放工具 ▣ 缩小挤压出来的面，如图 4-3-141 所示。

单击"工具栏 > 旋转"工具 ▣，调整造型，如图 4-3-142 所示。

步骤 36 把手臂的横截面调整成圆形。单击"点模式"工具 ▣，使用框选工具 ▣ 在正视图中框选并调整点，如图 4-3-143 所示。

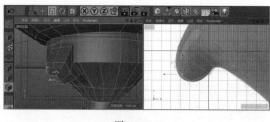
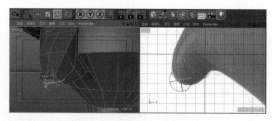

图 4-3-141　　　　　　　　　　　　　　　图 4-3-142

步骤 37　使用框选工具，在正视图中框选并调整点，如图 4-3-144 ~ 图 4-3-146 所示。

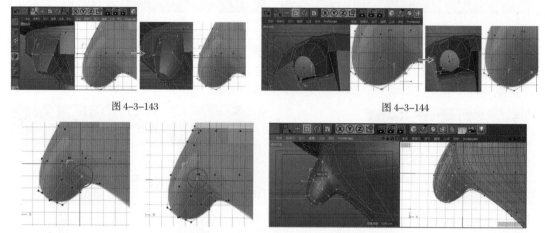

图 4-3-143　　　　　　　　　　　　　　　图 4-3-144

图 4-3-145　　　　　图 4-3-146　　　　　　　图 4-3-147

步骤 38　激活"细分曲面"观察造型，使用框选工具、移动工具和缩放工具调节点，如图 4-3-147 ~ 图 4-3-149 所示，把手臂的横截面调整成圆形，并使模型造型贴合背景工程图里描绘的外形。

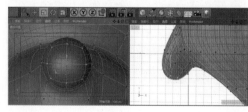
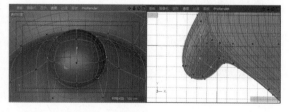

图 4-3-148　　　　　　　　　　　　　　　图 4-3-149

小提示

　　一般对称对象只需要制作半边的模型，再对称复制出另一边，如图 4-3-150 所示。

图 4-3-150

步骤 39　单击"多边形模式"工具，使用实时选择工具选中面，如图 4-3-151 所示，按 Delete 键删除所选面。

步骤 40　在菜单栏中单击"模拟 > 布料 > 布料曲面"，如图 4-3-152 所示，对象列表中会出现"布料曲面"对象，在对象列表里把步骤 1 ~ 步骤 39 创建的"细分曲面"对象拖曳到"布料曲面"对象上，作为"布料曲面"对象的子级；在对象列表中单击"布料曲面"，修改属性面板中的"布料曲面 [布料曲面] > 对象 > 厚度"参数为 -4cm；双击"布料曲面"，将其重命名为"水箱"，如图 4-3-153 所示。

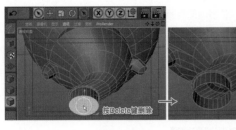

图 4-3-151　　　　　　　　　　图 4-3-152　　　　　　　　　　图 4-3-153

步骤 41　完成接口螺纹模型的制作，如图 4-3-154 所示。单击"工具栏 > 多边"工具 ⬡，创建一个"多边"对象；单击"工具栏 > 螺旋"工具 🔧，创建一个"螺旋"对象，如图 4-3-155 所示。

步骤 42　单击"工具栏 > 扫描"工具 ✎，在对象列表里把"多边"和"螺旋"对象拖曳到"扫描"对象上，作为"扫描"对象的子级，如图 4-3-156 所示。注意两个子级对象的层级关系，"螺旋"对象在"多边"对象的下层。

扫码观看视频

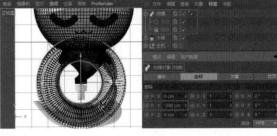

图 4-3-154　　　　　　图 4-3-155　　　　　　　　　　图 4-3-156

在对象列表中单击"扫描"，修改属性面板中的"扫描对象 [扫描] > 对象 > 坐标 >P.Y"参数为 -240cm，使"扫描"对象在 y 轴方向接近水箱口处。

步骤 43　在对象列表中单击"多边"，修改属性面板中的"多边对象 [多边] > 对象 > 半径"参数为 6cm、"侧边"参数为 4，"圆角"为勾选状态，"半径"参数为 1cm，"平台"参数为 XZ，如图 4-3-157 所示。

步骤 44　在对象列表中单击"螺旋"，修改属性面板中的"螺旋对象 [螺旋] > 对象 > 起始半径"参数为 36cm、"终点半径"参数为 36cm、"结束角度"参数为 200°、"高度"参数为 15cm、"平面"参数为 XZ，如图 4-3-158 所示。此处的参数仅为参考，最终效果为"螺旋"贴合水箱口的圆弧造型即可，如图 4-3-159 所示。

步骤 45　在对象列表中单击"扫描"，修改属性面板中的"扫描对象 [扫描] > 对象 > 细节 > 缩放"曲线如图 4-3-160 所示。缩放曲线可以改变"扫描"对象的粗细，如图 4-3-161 所示。

图 4-3-157　　　图 4-3-158　　　　　图 4-3-159　　　　　　图 4-3-160　　　　　图 4-3-161

步骤46 在菜单栏中单击"运动图形>克隆"，在对象列表里把步骤45创建的"扫描"对象拖曳到"克隆"对象上，作为"克隆"对象的子级；在对象列表中单击"克隆"对象，修改属性面板中的"克隆对象［克隆］>坐标>P.Y"参数为-240cm，如图4-3-162所示。

修改属性面板中的"对象>模式"为"放射"，"数量"参数为3，"半径"参数为0cm，"平面"参数为XZ，如图4-3-163所示。

在对象列表中双击"克隆"对象，将其重命名为"螺纹接口"，如图4-3-164所示。

图4-3-162

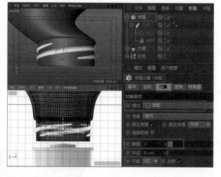

图4-3-163

图4-3-164

步骤47 完成水箱水位窗口的制作。将前视图改为背视图，将"加湿器六视图"文件夹中的"背视图"图片拖入C4D的背视图，完成背景图片导入，如图4-3-165所示。在属性面板中单击"模式>视图设置>背景"，调整"水平尺寸"参数为800。

步骤48 单击"工具栏>矩形"工具，创建一个矩形，修改属性面板中的"矩形对象［矩形］>对象>宽度"参数为39cm，"高度"为273cm，"圆角"为勾选状态，"半径"参数为19.5cm，如图4-3-166所示。

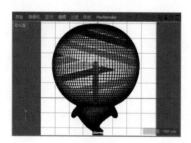

图4-3-165

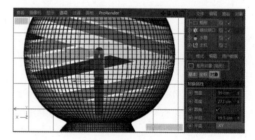

图4-3-166

步骤49 单击"工具栏>挤压"工具，在对象列表中将"矩形"对象拖曳到挤压上，作为"挤压"的子级，修改属性面板中的"拉伸对象［挤压］>对象>移动"参数为0cm、0cm、350cm，将其沿*z*轴方向挤压350cm，如图4-3-167所示。

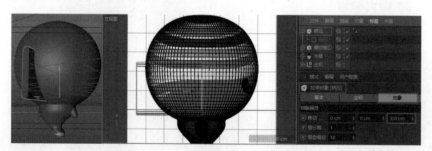

图4-3-167

步骤50 单击"工具栏>布尔"工具，如图4-3-168所示。布尔运算是指对两个对象进行相加、相减、差集或补集运算。在对象列表中将之前创建的"水箱"和"挤压"对象拖曳到"布尔"对象上，作为子级，"水箱"对象为第一子级，"挤压"对象为第二子级；在属性面板中修改"布尔对象［布尔］>对象>布尔类型"为"A 减 B"，勾选"隐藏新的边"，布尔运算后，模型上会生成运算线，勾选该选项，软件会隐藏这些线，如图 4-3-169 所示。

图 4-3-168　　　　　　　　　　　　　　　　　图 4-3-169

步骤 51　在对象列表中双击"布尔"对象，将其重命名为"水箱"，如图 4-3-170 所示。

步骤 52　在对象列表中按住 Ctrl 键拖曳"水箱"对象，复制出一个副本"水箱.1"；双击"水箱.1"，将其重命名为"水位窗口"，如图 4-3-171 所示。

步骤 53　在对象列表中单击"水位窗口"对象，修改属性面板中的"布尔对象［水位窗口］> 对象 > 布尔类型"为"AB 交集"，适当调整"坐标 >P.Z"的参数，使水位窗口和水箱在 z 轴方向上有一点错位，如图 4-3-172 所示。

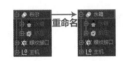

图 4-3-170　　　　　　图 4-3-171　　　　　　　　　　图 4-3-172

步骤 54　在对象列表中按住 Ctrl 键的同时选中"水位窗口""水箱"和"螺纹接口"，按组合键"Alt+G"将它们编组为"空白"对象，双击"空白"对象，将其重命名为"灯神水箱"，如图 4-3-173 所示。

步骤 55　导入连接配件模型。连接配件模型使用素材文件制作，打开项目 4"素材"文件夹中的"连接配件"C4D 文件，如图 4-3-174 所示，在对象列表中选中"连接配件"的整个模型，按组合键"Ctrl+C"执行复制命令；在菜单栏中单击"窗口"，单击当前场景文件，回到当前场景，按组合键"Ctrl+V"执行粘贴命令将"连接配件"模型粘贴到当前场景。根据背景工程图调整"连接配件"模型的大小和位置，如图 4-3-175 所示。

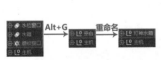　　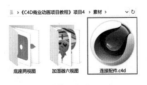　　

图 4-3-173　　　　　　图 4-3-174　　　　　　　　图 4-3-175

步骤 56　关闭所有背景图的显示。在属性面板中单击"模式 > 视图设置 > 背景"，取消勾选每个视图属性面板中的"显示图片"，如图 4-3-176 所示。

步骤 57　镜头 1 场景还需要一个巨大的背景板，背景板使用素材文件制作，打开项目 4"素材"文件夹中的"L 形背景"C4D 文件，如图 4-3-177 所示，在对象列表中选中"L 形背景"的整个模型，按组合键"Ctrl+C"执行复制命令；单击"主菜单 > 窗口"，单击当前场景文件，按组合键"Ctrl+V"执行粘贴命令将"L 形背景"模型粘贴到当前场景。适当调整"L 形背景"模型的位置，如图 4-3-178 所示。

到这一步，镜头 1 场景中所需要的模型都已经完成了。

图 4-3-176　　　　　　　　　　图 4-3-177　　　　　　　　　　图 4-3-178

4.3.5　飞毯底座模型的制作

扫码观看视频

创建神灯加湿器飞毯底座的三维模型。这是加湿器的一个外部配件，用于控干水箱。在项目 4 "素材 > 底座两视图" 文件夹里面有两张图片，它们是飞毯底座的顶视图和侧视图，如图 4-3-179 所示，在建模过程中可以参照这两张图片在侧面和顶面的视图进行模型编辑。

步骤 1　飞毯底座模型在镜头 2 使用，新建空白场景并保存文件，在该场景中完成 "飞毯底座" 模型的制作。单击 "文件 > 新建"，单击 "文件 > 保存"，保存名为 "镜头 2" 的 C4D 文件。

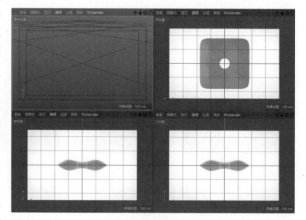

飞毯底座侧视图.png　　飞毯底座顶视图.png

图 4-3-179

步骤 2　完成视图背景图片设置。将 "底座两视图" 文件夹中的 "顶视图" 图片拖入 C4D 的顶视图，将 "侧视图" 图片拖入 C4D 的右视图和正视图，完成背景图片导入，如图 4-3-180 所示。在属性面板中单击 "模式 > 视图设置 > 背景"，分别调整各视图 "水平尺寸" 参数为 800。

步骤 3　在透视视图窗口中选择 "显示 > 光影着色（线条）" 和 "线框" 选项，以便更好地观察模型的分段数。单击 "工具栏 > 立方体" 工具，创建一个立方体。单击 "工具栏 > 细分曲面" 工具，在对象列表里把 "立方体" 对象拖曳到 "细分曲面" 上，使 "立方体" 对象成为 "细分曲面" 对象的子级。暂时关闭 "细分曲面" 对象，方便观察 "立方体" 对象的结构线

图 4-3-180

条。在对象列表中单击 "立方体"，修改属性面板中的 "立方体对象 [立方体] > 对象 > 尺寸 .X" 参数为 365cm，"尺寸 .Y" 参数为 10cm，"尺寸 .Z" 参数为 365cm，"分段 X" 参数为 4，"分段 Y" 参数为 1，"分段 Z" 参数为 4，如图 4-3-181 所示。打开 "细分曲面"，效果如图 4-3-182 所示。

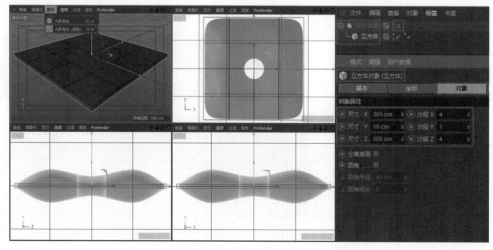

图 4-3-181

步骤4 按快捷键"C"将"立方体"转为可编辑对象。单击"点模式"工具 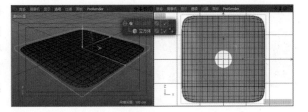，使用框选工具 在顶视图中框选点，如图4-3-183所示，单击"工具栏>缩放"工具 ，在前视图的 y 轴方向上调整8个点的位置如图4-3-184所示。

图4-3-182

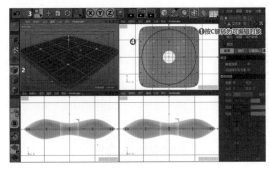

图4-3-183

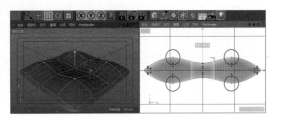

图4-3-184

步骤5 单击"工具栏>圆柱"工具 ，创建一个圆柱，修改属性面板中的"圆柱对象 [圆柱] >对象>半径"参数为37cm，"高度"参数为200cm，"高度分段"参数为1，"旋转分段"参数为48，如图4-3-185所示。

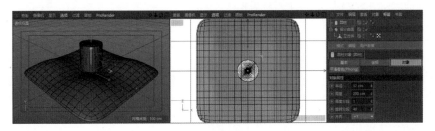

图4-3-185

步骤6 单击"工具栏>布尔"工具 ，在对象列表中将步骤4、步骤5创建的"细分曲面"和"立方体"对象拖曳到"布尔"对象上，作为子级，如图4-3-185所示，"细分曲面"对象为第一子级，"立方体"对象为第二子级；在属性面板中修改"布尔对象 [布尔] >对象>布尔类型"为"A减B"，勾选"隐藏新的边"，如图4-3-186所示。

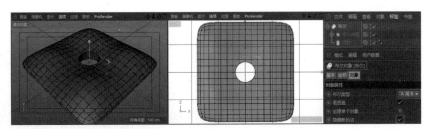

图4-3-186

步骤7 底座内部也有一圈接口螺纹，可以使用镜头1场景中完成的模型进行制作。打开之前制作的镜头1场景，如图4-3-187所示，在对象列表中选中"灯神水箱"的子级"螺纹接口"模型，按组合键"Ctrl+C"执行复制命令；在菜单栏中单击"窗口"，单击当前场景文件，按组合键"Ctrl+V"执行粘贴命令将"螺纹接口"模型粘贴到当前场景。适当调整"螺纹接口"模型的位置，如图4-3-188所示。

步骤8 在对象列表中框选"螺纹接口"和"布尔"对象，按组合键"Alt+G"将它

图4-3-187

们编组为"空白"对象，双击"空白"对象，将其重命名为"飞毯底部"，如图 4-3-189 所示。

图 4-3-188　　　　　　　　　　　　　　　　　　图 4-3-189

4.4 任务 2：灯神水箱 UV 材质的制作

UV 贴图

UV 贴图模式是适用性非常强的一种贴图模式，这种模式的原理是将一个多边形模型的所有面展开
平铺成一个平面，然后在这个平面上给不同的面绘制贴图，
可以在 C4D 中直接绘制，也可以导出模型面的线框图在
Photoshop 或其他绘图软件里制作。如果使用现成的贴图，
可以调整模型需要贴图的面来确定贴图的位置，本项目就使
用这种方式制作。

UV 指的是纹理贴图坐标，UV 纹理就像模型的一件贴
身"衣服"，UV 定义了贴图上每个点的坐标信息，以便把
多边形模型的顶点和贴图文件上的像素对应起来，这样就能
在多边形表面上定位纹理贴图，如图 4-4-1 所示。

图 4-4-1

利用软件把多边形模型的面合理地平铺在二维画布上的过程就称为展开 UV，可以使用 C4D 自带的
UV 编辑模式中的工具完成。如何合理地展开一个模型，需要视模型情况而定，例如只需要在模型局部贴
图案，最简单的方法就是把需要贴图的面选取出来，在这个局部面上贴图。如果表面纹理比较复杂，模型
也比较复杂，则需要针对具体的模型面合理地分配图案。本任务将完成 4 个水箱的 UV 贴图制作。

4.4.1 制作灯神阿布水箱的 UV 贴图

打开"镜头 1"文件，镜头 1 的动画在过程中会变换显示出 4 个水箱的外观，如图 4-4-1
所示。在材质处理上需要对同一个造型的水箱模型贴 4 个不同的图案，在项目 4"素材 >
贴图"文件夹里面有 4 张图片，它们是水箱的 4 个外观图案贴图文件，如图 4-4-2 所示。　扫码观看视频

步骤 1　UV 贴图只能对可编辑多边形进行贴图，在对象列表中单击"灯神水箱"的子级"水箱"，
按快捷键"C"将"水箱"转为可编辑对象，如图 4-4-3 所示。

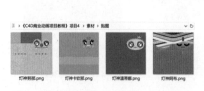

图 4-4-2

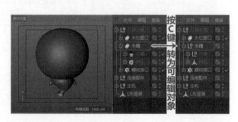

图 4-4-3

步骤 2　"水箱"的两个子级也随父级转为了可编辑对象，同时选中这两个子级，如图 4-4-4 所示，
右击，执行"连接对象 + 删除"命令，将两个子级对象转换为一个对象"水箱.1"，在对象列表中双击"水
箱.1"，将其重命名为"阿布"。

步骤 3　本任务的材质、灯光和渲染将由 OC 完成，所以直接使用 OC 材质球来制作 UV 贴图，如果
使用 C4D 自带的材质球制作，则只是使用的材质球类型不同，UV 贴图的展开方法是相同的。OC 渲染器
的安装及基本操作介绍参考"1.6 任务 4：了解 Cinema 4D 的插件——Octane Render 渲染器"。

创建 OC 材质球。在菜单栏中单击"Octane> Octane 工具条"，调出 Octane 工具条，如图 4-4-5

所示。在 Octane 工具条的菜单栏中单击"材质 >Octane 光泽材质"，C4D 的材质窗口中会出现一个 OC 光泽材质球，如图 4-4-6 所示。

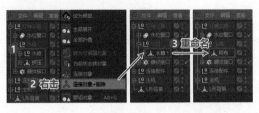

图 4-4-4　　　　　　　　　　图 4-4-5　　　　　　　　图 4-4-6

步骤 4　在材质窗口中双击 OC 光泽材质球，调出该材质球的材质编辑器，将材质球重命名为"阿布"；单击"漫射"，单击"纹理"右边的小三角，选择"加载图像"，打开项目 4"素材 > 贴图"文件夹里面的"灯神阿布 .png"文件，作为材质球贴图，如图 4-4-7 所示。

步骤 5　关闭材质编辑器，将步骤 4 创建的材质从材质窗口拖曳到对象列表中"水箱"的子级"阿布"上，为"阿布"贴图，如图 4-4-8 所示。现在贴图还不能贴合模型的造型。

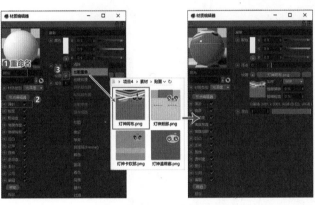

图 4-4-7　　　　　　　　　　　　　　　　　　图 4-4-8

步骤 6　了解 UV 编辑界面。在 C4D 菜单栏右侧的界面下拉菜单中选择"BP-UV Edit"，打开 UV 编辑界面。该界面包括菜单栏、绘制工具栏、通用编辑工具栏、工作视窗、纹理编辑工具栏、纹理编辑窗口、对象管理器 / 材质管理器 / 颜色管理器 / 坐标面板、属性面板、纹理贴图命令面板 / 图层面板 / 笔刷面板 / 颜色面板。

在对象管理器中选中水箱的子级"阿布"，纹理编辑窗口中会出现该对象的 UV 网格初始状态，如图 4-4-9 所示。如果网格未显示，可以单击纹理编辑窗口菜单栏中的"网孔 > 显示 UV 网格"激活网格。

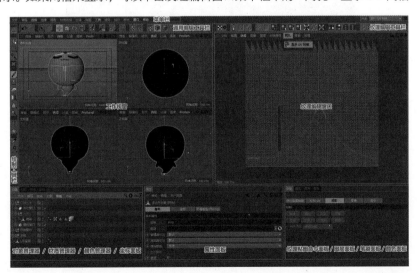

图 4-4-9

步骤 7 在纹理编辑窗口中单击"文件 > 打开纹理",打开项目 4"素材 > 贴图"文件夹里面的"灯神阿布 .png"文件,作为纹理参照,如图 4-4-10 所示。这个纹理图片和对象材质的图片必须是同一张图片。

步骤 8 在通用编辑工具栏中单击"UV 多边形"工具 ▧,这个工具主要用于多边形面的选择,和"多边形模式"工具 ▣ 的功能相似,按组合键"Ctrl+A"全选所有的 UV 面,如图 4-4-11 所示。

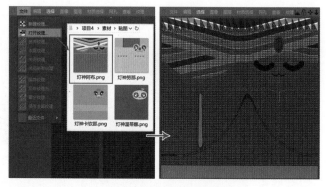

图 4-4-10

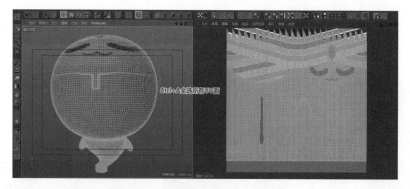

图 4-4-11

步骤 9 将正视图改为工作视窗的主显示视窗,在纹理贴图命令面板中单击"贴图 > 投射 > 前沿",使纹理编辑窗口中的 UV 面以正视图中显示的网格状态投射,如图 4-4-12 所示。

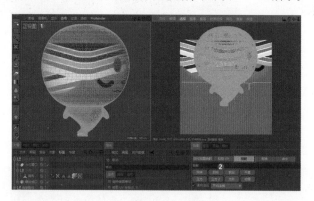

图 4-4-12

小提示

贴图的各种投射方式如图 4-4-13 所示。

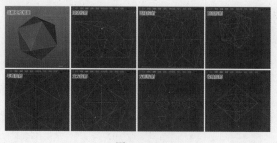

图 4-4-13

步骤10 单击通用编辑工具栏中的"移动"工具➕和"缩放"工具▣,在纹理编辑窗口中将前沿投射的 UV 面缩放至合适的大小,并将其移至背景纹理右侧的正面纹理上,如图 4-4-14 所示。可以滚动鼠标中键缩放视图,将视图放大后观察并移动 UV,使 UV 纵向中轴对齐脸部中轴,如图 4-4-15、图 4-4-16所示。

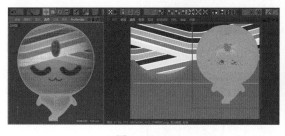

图 4-4-14　　　　　　　　　　　图 4-4-15　　　　　　　　图 4-4-16

步骤11 在工作视窗的透视视图中查看 UV 纹理贴图效果,发现后半部分的贴图效果和前半部分的一样,如图 4-4-17 所示。这是因为模型后半部分的 UV 和前半部分的 UV 重叠在一起,使用了同一个局部纹理。

将左视图改为工作视窗的主显示视窗,在通用编辑工具栏中单击"UV 多边形"工具▣和"框选"工具▣,在属性面板中取消勾选"选项 > 仅选择可见元素",在左视图中框选对象的后半部分 UV 面,如图 4-4-18 所示。一定要确保整个后半部分的 UV 面都在选择范围内,否则贴图效果就会有偏差,可以放大视图,在框选的同时按住 Shift 键加选 UV 面,或按住 Ctrl 键减选 UV 面,控制选择范围。

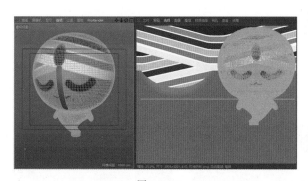

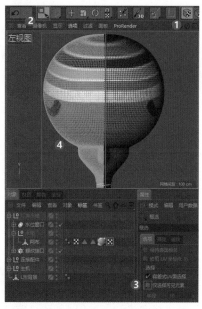

图 4-4-17　　　　　　　　　　　　　　　　图 4-4-18

步骤12 单击通用编辑工具栏中的"移动"工具➕,在纹理编辑窗口将所选的 UV 面移至背景纹理左侧的背面纹理上,如图 4-4-19 所示。在工作视窗的透视视图中查看 UV 纹理贴图效果,发现前后边界出现了问题,这是因为贴图的方向反了。在纹理编辑工具栏中单击"镜像 U"工具▣,以 U 坐标为准镜像所选 UV 面,改变贴图纹理方向,如图 4-4-20 所示。

步骤13 在菜单栏中单击"渲染 > 渲染活动视图"或按组合键"Ctrl+R"渲染活动视图,查看 UV 纹理贴图效果。如果发现 UV 纹理的位置有偏差,如图 4-4-21 所示,可以将视图放大后观察并移动 UV,微调纹理位置,如图 4-4-22 所示。

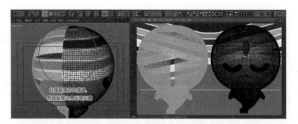

图 4-4-19

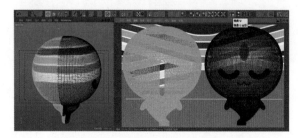

图 4-4-20

图 4-4-21

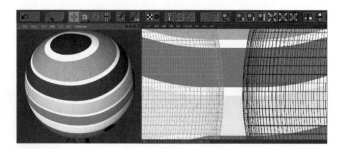

图 4-4-22

小提示

　　本项目的贴图是已经准备好的，根据贴图的纹理安排UV的分布。也可以展开UV以后，保存UV网格，在绘图软件或图像处理软件中根据UV网格制作贴图。UV网格导出的步骤如下。

　　步骤1　在纹理编辑窗口的菜单栏中单击"文件>新建纹理"，调出新建纹理面板，调整纹理的输出尺寸后，单击"确定"；单击"图层"调用图层面板，如图4-4-23所示，此时图层面板中已经新建了一个背景图层，有关图层的各种功能被激活。

　　步骤2　在纹理编辑窗口的菜单栏中单击"图层>创建UV网格层"，或在图层面板中单击右下方的"创建UV网格层" 📇，以当前的UV网格创建一个图层，如图4-4-24所示。

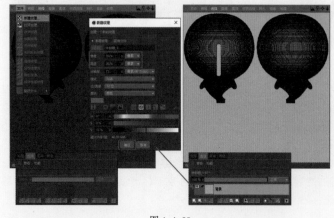

图 4-4-23

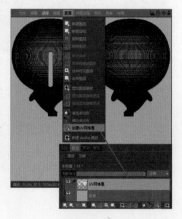

图 4-4-24

步骤3 在纹理编辑窗口的菜单栏中单击"文件>另存纹理为",如图4-4-25所示,弹出文件格式选择面板,选择保存格式,如图4-4-26所示,单击"确定"后保存。

如果单击"文件>保存纹理",则会把当前纹理作为当前对象的贴图纹理保存在材质球中。

建议将纹理保存成带通道的文件,如PSD文件,便于在贴图制作过程中参考UV网格,如图4-4-27所示。

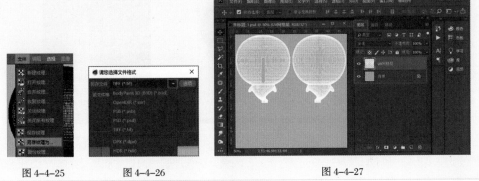

图4-4-25　　　　图4-4-26　　　　　　　　　　图4-4-27

4.4.2　制作其他灯神水箱的UV贴图

步骤1 制作卡钦那水箱材质。在对象列表中按住Ctrl键拖曳"阿布"对象,复制出一个副本,将其重命名为"卡钦那",如图4-4-28①所示;单击材质管理器,按住Ctrl键拖曳阿布材质,复制出一个副本,将其重命名为"卡钦那",如图4-4-28②所示。单击"卡钦那"材质对象,属性面板中会出现该对象的属性,单击"漫射",单击"纹理"右边的3个点按钮,如图4-4-28③所示,打开项目4"素材>贴图"文件夹里面的"灯神卡钦那.png"文件,替换材质球的贴图;将属性面板中的材质球拖曳到对象列表里"卡钦那"对象右边的材质球上,替换材质,如图4-4-28④所示。

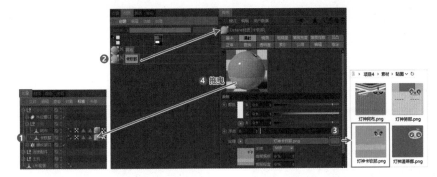

图4-4-28

步骤2 在对象列表的"水箱>阿布"模型名称右边的隐藏/显示栏中,单击控制编辑器和渲染器是否可见的按钮,使其变为红色,如图4-4-29所示,隐藏该模型。

步骤3 在纹理编辑窗口中单击"文件>打开纹理",打开项目4"素材>贴图"文件夹里面的"灯神卡钦那.png"文件,作为纹理参照,如图4-4-30所示。

图4-4-29

图4-4-30

步骤 4 在通用编辑工具栏中单击"UV 多边形"工具 和"框选"工具 ，在纹理编辑窗口中框选身体部分的 UV 面，如图 4-4-31 右图所示；框选时可能会有部分面遗漏，如图 4-4-31 左图所示。

放大工作视窗的透视视图，单击"通用编辑工具栏 > 实时选择"工具 ，按住 Shift 键加选 UV 面，或按住 Ctrl 键减选 UV 面，把 UV 面选择完整，如图 4-4-32 所示。

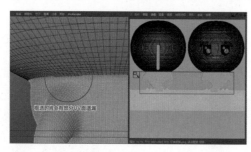

图 4-4-31

图 4-4-32

步骤 5 单击通用编辑工具栏中的"移动"工具 ，在纹理编辑窗口中将所选的 UV 面移至背景纹理的黄色锯齿纹理上，如图 4-4-33 所示。

现在身体部分的 UV 面和黄色锯齿纹理大小不匹配，单击通用编辑工具栏中的"缩放"工具 ，放大已选面，再单击"移动"工具 ，使身体部分的半边 UV 面的大小和黄色锯齿纹理相符，如图 4-4-34 所示。

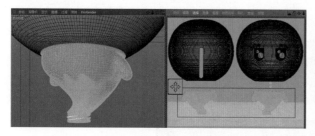

图 4-4-33

图 4-4-34

步骤 6 在通用编辑工具栏中单击"框选"工具 ，在纹理编辑窗口中框选身体部分还未匹配好的另外半边 UV 面，单击"移动"工具 ，调整所选 UV 面的大小，使其和黄色锯齿纹理相符，如图 4-4-35 所示。

步骤 7 现在黄色纽扣纹理因为没有覆盖对应的 UV 网格，所以并没有显示，如图 4-4-36 所示。单击"实时选择"工具 ，选中 UV 面，如图 4-4-37 ①所示，单击"移动"工具 ，将 UV 面移到黄色纽扣纹理处，如图 4-4-37 ②③所示。

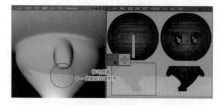

图 4-4-35

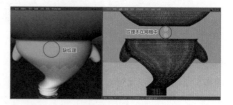

图 4-4-36

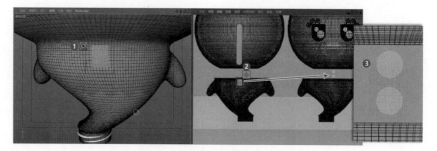

图 4-4-37

步骤 8 使用缩放工具 ![缩放] 放大已选面，单击"移动"工具 ![移动]，使所选 UV 面的大小和位置与黄色纽扣纹理相符，如图 4-4-38 所示。

步骤 9 现在脸部纹理的范围有点小，使用框选 ![框选] 工具框选覆盖在脸部纹理上的半边头部 UV 面，使用缩放工具 ![缩放] 和移动工具 ![移动] 调整所选面，如图 4-4-39 所示。

图 4-4-38

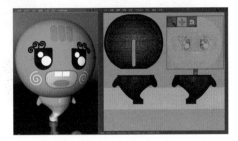

图 4-4-39

小提示

在对象列表中单击"UVW 标签" ![标签]，纹理编辑窗口中会显示该标签记录的纹理，如图 4-4-40 所示。

在编辑纹理的操作过程中，可能会增加 UVW 标签，按 Delete 键可以删除不需要的标签，如图 4-4-41 所示。

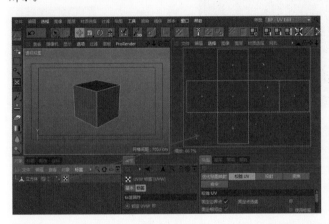

图 4-4-40

删除多余的 UVW 标签

图 4-4-41

步骤 10 制作努那水箱材质。在对象列表中按住 Ctrl 键拖曳"阿布"对象，复制出一个副本，将其重命名为"努那"，如图 4-4-42 ①所示；单击材质管理器，按住 Ctrl 键拖曳阿布材质，复制出一个副本，将其重命名为"努那"，如图 4-4-42 ②所示。单击"努那"材质对象，属性面板中会出现该对象的属性，单击"漫射"，单击"纹理"右边的 3 个点按钮，如图 4-4-42 ③所示，打开项目 4"素材 > 贴图"文件夹里面的"灯神努那 .png"文件，替换材质球的贴图；将属性面板中的材质球拖曳到对象列表里"努那"对象右边的材质球上，替换材质，如图 4-4-42 ④所示。

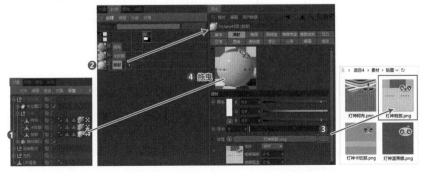

图 4-4-42

步骤 11 现在努那水箱领口处的纹理位置不太对，如图 4-4-43 所示。

选中身体部分的 UV 面，使用缩放工具 和移动工具 进行调整，使所选面覆盖在领子纹理上，如图 4-4-44 所示，具体操作方法参考步骤 4 ~ 步骤 6。

图 4-4-43

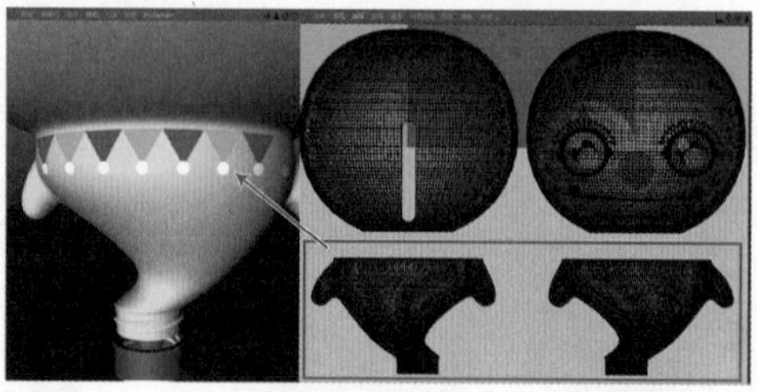

图 4-4-44

步骤 12 制作温蒂娜水箱材质，具体操作方法参考步骤 10，如图 4-4-45 所示。

步骤 13 现在温蒂娜水箱脸部边缘处的纹理有点拉扯变形，如图 4-4-46 所示。

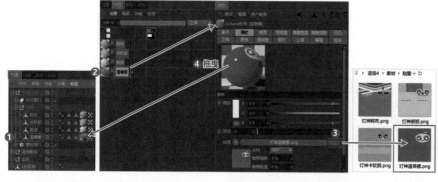

图 4-4-45

图 4-4-46

在通用编辑工具栏中单击"UV 多边形"工具 和"框选"工具 ，在纹理编辑窗口中框选覆盖在脸部纹理上的半边头部 UV 面，如图 4-4-47 所示。单击通用编辑工具栏中的"缩放"工具 和"移动"工具 ，适当调整所选面，如图 4-4-48 所示，使纹理不会拉扯变形得太明显。

在调整过程中，为了不影响操作，可以将其他面适当缩小并移到合适的位置，如图 4-4-48 中纹理编辑窗口内的黑色 UV 面所示，这部分 UV 面不需要贴图案纹理，只需要确保覆盖了纯色纹理即可。

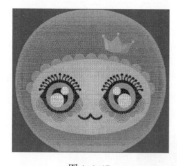

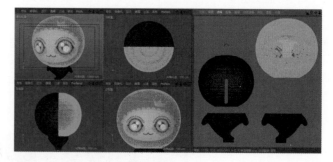

图 4-4-47

图 4-4-48

4.5 任务 3：动画的制作

神灯加湿器产品宣传片广告分镜如表 4-5-1 所示，产品名称、广告语等元素在后期软件中添加。本任务完成 4 个动画文件的制作，包括镜头 1、镜头 2、镜头 3 动画，以及镜头 1 中出现的雾量调节动画。雾量调节动画需要作为独立文件输出，再与镜头 1 进行合成，如表 4-5-1 的镜号 1 中的第二个画面所示。

表4-5-1　神灯加湿器产品宣传片广告分镜

镜号	画面	内容	时间
1		加湿器从右向左位移入镜，在镜头左边停下，原地自转，镜头右边出现产品名称"神灯加湿器"和对话内容"你好，我是阿布！Apu！"	26秒
		产品名称和对话框淡出后随即淡入雾量调节示意框	
		加湿器边转边移到镜头前同时转至背面，淡入广告语"1000ml可视水箱　可持续加湿24H"，广告语淡出	
		水箱旋开展示配件，再旋转收起配件，加湿器边转边移回原地停下	
		水箱原地不停自转，自转过程中切换展示4个不同的水箱，淡出广告语"百变水箱可随心替换　更添生活情趣"；水箱与加湿器主机分离，水箱向右上方飞出画面	
2		水箱从上方旋转入镜并扣合在底座上，另外3个不同的水箱扣在底座上入镜，加湿器主机从上方入镜，淡出广告语"飞毯底座可控干水箱"。整体淡出	6秒
3		加湿器从右向左位移入镜，淡出对话内容"带我回家吧！"，出现产品名称"神灯加湿器"	8秒

解锁技能点	
📄 多镜头动画的文件安排	📹 复杂的父子级配合动画

4.5.1　制作镜头1的动画——展示加湿器的外观与功能

完成动作1

动作1如图4-5-1所示，加湿器从右向左位移入镜，在镜头左边停下后原地自转720°，停住。

步骤1　在属性面板中单击"模式＞工程＞工程设置"，如图4-5-2所示，修改"帧

扫码观看视频

率（FPS）"参数为 25，"最大时长"参数为 650F，"预览最大时长"参数为 200F。

图 4-5-1   图 4-5-2

步骤 2　在对象列表中将场景中原来隐藏的对象全部激活，在"灯神水箱 > 水箱 > 卡钦那"、"努那"和"温蒂娜"对象右侧的隐藏 / 显示栏中单击控制编辑器和渲染器是否可见的按钮，使其变为红色，如图 4-5-3 所示，现阶段暂时不需要这 3 个对象出场。

步骤 3　在对象列表中单击"连接配件"对象，单击"工具栏 > 移动"工具 ✛，调整对象位置，使连接配件置于加湿器主机凹槽内，如图 4-5-4 所示。

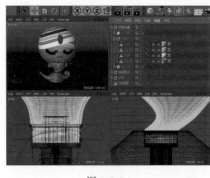
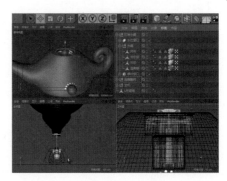

图 4-5-3   图 4-5-4

步骤 4　在对象列表中单击"灯神水箱"对象，单击"工具栏 > 移动"工具 ✛，调整对象位置，使水箱的接口置于连接配件内，如图 4-5-5 所示。

步骤 5　单击"工具栏 > 摄像机"工具 ，创建一个"摄像机"对象。在"摄像机对象 [摄像机]"属性面板中将摄像机的坐标位置和旋转参数全部设置为 0。在参数的上下箭头位置右击，可归零参数。在对象列表将摄像机对象的隐藏 / 显示栏中的 单击为 ，将透视视图改为摄像机视图，如图 4-5-6 所示。

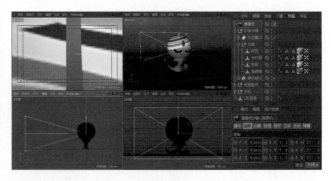

图 4-5-5   图 4-5-6

步骤 6　选择"模式 > 视图设置 > 查看"选项，调整参数如图 4-5-7 所示，显示标题安全框和动作安全框。

步骤 7　将顶视图改为透视视图。在顶视图窗口中单击"摄像机 > 透视视图"，单击"显示 > 光影着色（线条）"，方便观察、操作，如图 4-5-8 所示。

步骤 8　单击"工具栏 > 编辑渲染设置"工具 ，单击"输出"，设置预设尺寸和帧频如图 4-5-9 所示。1280×720 是高清尺寸，也可以根据需要设置为 1920 ×1080 全高清尺寸。

| 图 4-5-7 | 图 4-5-8 | 图 4-5-9 |

步骤 9 在视图中调整摄像机的位置如图 4-5-10 所示，把加湿器入镜后停驻的位置及构图确定好。图 4-5-10 中摄像机的位置参数仅为参考，摄像机的位置调整好后，在对象列表中单击"摄像机"对象，右击，执行"CINEMA 4D 标签 > 保护"命令，锁定摄像机当前的机位，防止操作过程中被改变。

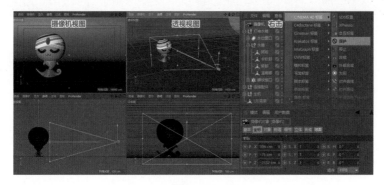

图 4-5-10

步骤 10 制作加湿器第 1 ~ 20 帧的入镜动画。这个动画需要两个关键帧，当前加湿器入镜后的位置已经确定好了，在对象列表中单击"加湿器"对象，在时间线上单击第 20 帧落下时间指针，单击记录活动对象，在第 20 帧生成关键帧，如图 4-5-11 所示。

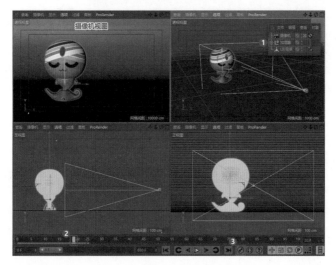

图 4-5-11

在时间线上单击第 0 帧落下时间指针，使用移动工具在正视图中将"加湿器"对象沿 x 轴方向移至右边镜头外，如图 4-5-12 所示。单击记录活动对象，在第 0 帧生成关键帧。播放动画进行测试，单击向前播放播放动画，单击暂停播放动画。

步骤 11 完成"加湿器"对象第 20 ~ 150 帧原地自转两周的动画。在时间线上单击第 150 帧落下时间指针█，修改属性面板中的"空白［加湿器］> 坐标 >R.H"参数为 −720°，单击记录活动对象⚫，在第 150 帧生成关键帧150；或在属性面板中修改坐标参数后，单击参数左侧的灰色按钮⚫，使其变成红色⚫，以记录当前参数关键帧，如图 4-5-13 所示。

图 4-5-12

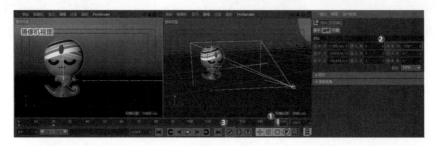

图 4-5-13

步骤 12 "加湿器"对象完成以上动作后要停驻 4 秒，以配合后期的广告文字展示。

整体拖曳时间线下方的滑块，可以改变时间线的显示范围，沿一个方向拖曳滑块可以改变时间线的长度，如图 4-5-14 所示。

拖曳改变时间线显示范围

图 4-5-14

在时间线上单击选中第 150 帧后的关键帧，按组合键"Ctrl+C"复制帧，在时间线上单击 250 帧落下时间指针█，按组合键"Ctrl+V"粘贴帧；或按住 Ctrl 键拖曳第 150 帧关键帧到第 250 帧，实现复制帧，如图 4-5-15 所示。

完成动作 2

动作 2 如图 4-5-16 所示，加湿器一边自转为背面一边位移至镜头前停下。

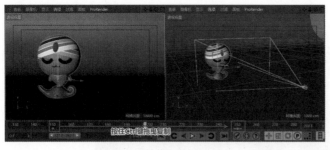

图 4-5-15

图 4-5-16

步骤 1 完成"加湿器"对象第 250 ~ 300 帧位移至镜头前并自转半周的动画。在时间线上单击第 300 帧落下时间指针█，单击"工具栏 > 移动"工具✛，在透视视图中将"加湿器"对象沿 x 轴和 z 轴方向移至镜头前，修改属性面板中的"空白［加湿器］> 坐标 >R.H"参数为 −900°，单击记录活动对象⚫，标记位移和自转的动作，在第 300 帧生成关键帧300，如图 4-5-17 所示。

步骤 2 "加湿器"对象完成以上动作后要停驻 1 秒，以配合后期的广告文字展示。在时间线上单击选中第 300 帧的关键帧，按组合键"Ctrl+C"复制帧，在时间线上单击 325 帧落下时间指针█，按组合键"Ctrl+V"粘贴帧；或按住 Ctrl 键拖曳第 300 帧关键帧到第 325 帧，实现复制帧，如图 4-5-18 所示。

完成动作 3

动作 3 如图 4-5-19 所示，加湿器进一步移至镜头前，同时水箱向上旋开，连接配件上移，展示连接配件。

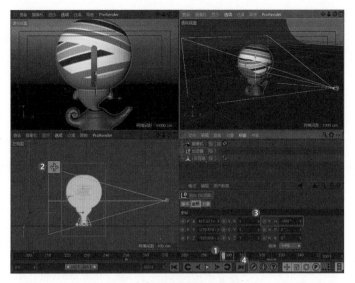

图 4-5-17

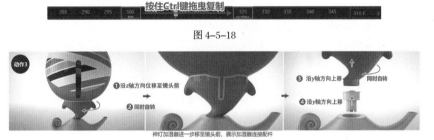

图 4-5-18

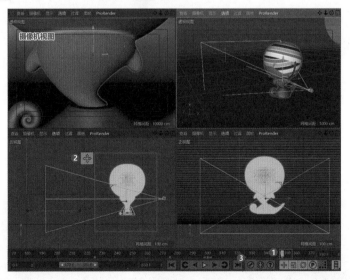

神灯加湿器进一步移至镜头前，展示加湿器连接配件

图 4-5-19

步骤 1　完成"加湿器"对象第 325 ～ 350 帧位移至镜头前的动画。在时间线上单击第 350 帧落下时间指针▊，使用移动工具✛在左视图中将"加湿器"对象沿 z 轴方向移至镜头前，如图 4-5-20 所示。单击记录活动对象 ◉，在第 350 帧生成关键帧▊。

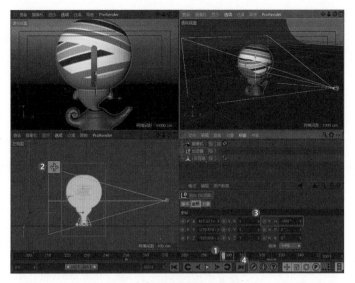

图 4-5-20

步骤 2　完成"加湿器"对象的子级"灯神水箱"第 325 ～ 350 帧自转上移的动画。作为子级的"灯神水箱"对象在服从父级"加湿器"对象动画的同时，自身也可以有独立的动画。在对象列表中单击"加湿器"对象左侧的加号打开其子级，单击"灯神水箱"对象，在时间线上单击第 325 帧落下时间指针▊，单击记

录活动对象 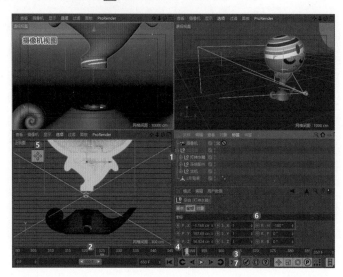，在第 325 帧生成关键帧，如图 4-5-21 所示。

图 4-5-21

在时间线上单击第 350 帧落下时间指针，使用移动工具在正视图中将"加湿器"对象沿 y 轴方向上移，位置如图 4-5-21 中摄像机视图所示。修改属性面板中的"空白 [灯神水箱] > 坐标 >R.H"参数为 −180°，单击记录活动对象，标记位移和自转的动作，在第 350 帧生成关键帧。

步骤 3 完成"加湿器"对象的子级"连接配件"第 325 ~ 350 帧上移的动画。单击"连接配件"对象，在时间线上单击第 325 帧落下时间指针，单击记录活动对象，在第 325 帧生成关键帧，如图 4-5-22 ①②③ 所示。

在时间线上单击第 350 帧落下时间指针，单击"工具栏 > 移动"工具，在正视图中将"加湿器"对象沿 y 轴方向上移，位置如图 4-5-22 中摄像机视图所示，单击记录活动对象，标记位移和自转的动作，在第 350 帧生成关键帧，如图 4-5-22 ④⑤⑥所示。

图 4-5-22

步骤 4 "灯神水箱"和"连接配件"对象完成以上动作后要停驻 1 秒，配合展示连接配件。在对象列表中按住 Ctrl 键的同时选中"灯神水箱"和"连接配件"，在时间线上按住 Ctrl 键拖曳第 350 帧关键帧到第 375 帧，实现复制帧，如图 4-5-23 所示。

图 4-5-23

步骤 5　"加湿器"对象作为父级也要停驻 1 秒，配合子级的动作。在对象列表中单击"加湿器"对象，在时间线上按住 Ctrl 键拖曳第 350 帧关键帧到第 375 帧，实现复制帧，如图 4-5-24 所示。

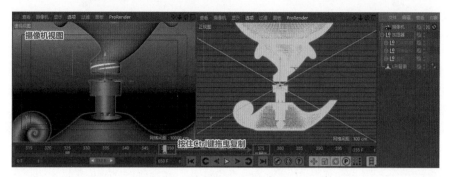

图 4-5-24

完成动作 4

动作 4 如图 4-5-25 所示，水箱向下旋合，连接配件下移，合起加湿器，同时整个加湿器位移至动作 1 入镜后停驻的位置。

步骤 1　完成"加湿器"对象第 350 ~ 425 帧的位移动画，加湿器从当前位置移至动作 1 入镜后停驻的位置，该位置在第 250 帧已经记录了关键帧，复制使用即可。在对象列表中单击"加湿器"对象，在时间线上按住 Ctrl 键拖曳第 250 帧关键帧到第 425 帧，实现复制帧，如图 4-5-26 所示。

图 4-5-25

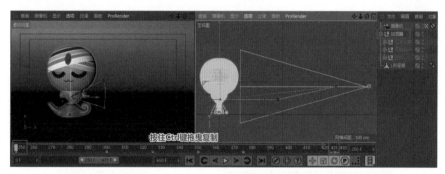

图 4-5-26

步骤 2　完成"加湿器"对象的子级"灯神水箱"和"连接配件"第 375 ~ 425 帧下移与主机合起的动画，这两个对象的初始状态与主机是连接的，该状态原来已经记录了关键帧，复制使用即可。在对象列表中按 Ctrl 键的同时选中"灯神水箱"和"连接配件"，在时间线上按住 Ctrl 键拖曳第 325 帧关键帧到第 425 帧，实现复制帧，如图 4-5-27 所示。

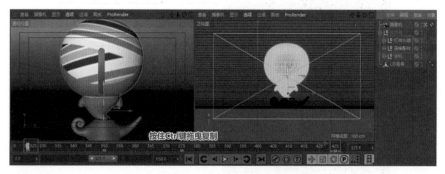

图 4-5-27

完成动作 5

动作 5 如图 4-5-28 所示，加湿器在自转过程中切换展示另外 3 个水箱的外观。

加湿器原地不停自转，自转过程中切换展示 4 个不同的水箱

图 4-5-28

步骤 1　完成"加湿器"对象第 425 ~ 600 帧原地自转两周的动画。在第 425 帧时修改"加湿器"对象的"R.H"参数为 -720°。单击参数左侧的灰点按钮 ，使其变为红色 ，记录关键帧。在时间线上单击第 600 帧落下时间指针 ，修改属性面板中的"空白［加湿器］> 坐标 >R.H"参数为 0°。单击记录活动对象 ，在第 600 帧生成关键帧 ；或修改好参数后单击参数左侧的灰色按钮 ，使其变成红色 ，以记录当前参数关键帧，如图 4-5-29 所示。

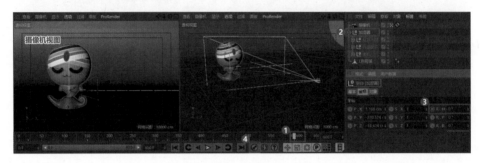

图 4-5-29

步骤 2　完成 4 个水箱外观的切换动画。在之前的制作中，已经创建了 4 个 UV 贴图不同的灯神水箱，水箱外观的切换动画实质上是这 4 个水箱一个隐藏接一个显示的显隐动画，4 个"水箱"对象都是"加湿器"的子级。

完成"阿布"对象在第 450 帧隐藏的动画。在对象列表中单击"加湿器 > 灯神水箱 > 水箱 > 阿布"对象，在时间线上单击第 449 帧落下时间指针 ，在属性面板中单击"多边形对象［阿布］> 基本"，设置编辑器可见和渲染器可见为"默认"或"开启"，单击它们左侧的灰色按钮，使其变为红色，在第 449 帧生成关键帧 ，如图 4-5-30 ①②③所示。在时间线上单击第 450 帧落下时间指针 ，在属性面板中单击"多边形对象［阿布］> 基本"，设置编辑器可见和渲染器可见为"关闭"，单击它们左侧的灰色按钮，使其变为红色，在第 450 帧生成关键帧 ，如图 4-5-30 ④⑤所示。

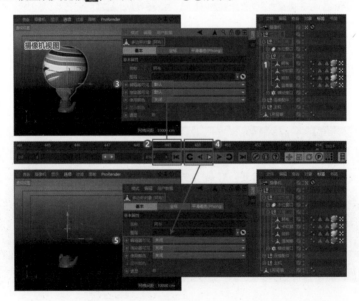

图 4-5-30

步骤 3　完成"卡钦那"对象在第 450 帧显示和第 500 帧隐藏的动画。在对象列表中单击"加湿器

> 灯神水箱 > 水箱 > 卡钦那"对象，在时间线上单击第 449 帧落下时间指针▊，在属性面板中单击"多边形对象［卡钦那］> 基本"，设置编辑器可见和渲染器可见为"关闭"，单击它们左侧的灰色按钮，使其变为红色，在第 449 帧生成关键帧▊449，如图 4-5-31 ①②③所示。在时间线上单击第 450 帧落下时间指针▊，在属性面板中设置编辑器可见和渲染器可见为"默认"或"开启"，单击它们左侧的灰色按钮，使其变为红色，在第 450 帧生成关键帧▊450，如图 4-5-31 ④⑤所示。在时间线上单击第 500 帧落下时间指针▊，在属性面板中设置编辑器可见和渲染器可见为"关闭"，单击它们左侧的灰色按钮，使其变为红色，在第 500 帧生成关键帧▊500，如图 4-5-31 ⑥⑦所示。

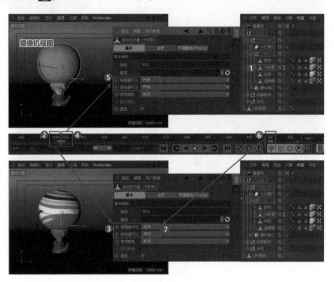

图 4-5-31

步骤 4 完成"努那"对象在第 500 帧显示和第 550 帧隐藏的动画。在对象列表中单击 "加湿器 > 灯神水箱 > 水箱 > 努那"对象，在时间线上单击第 499 帧落下时间指针▊，在属性面板中单击"多边形对象［努那］> 基本"，设置编辑器可见和渲染器可见为"关闭"，单击它们左侧的灰色按钮，使其变为红色，在第 499 帧生成关键帧▊499，如图 4-5-32 ①②③所示。在时间线上单击第 500 帧落下时间指针▊，在属性面板中设置编辑器可见和渲染器可见为"默认"或"开启"，单击它们左侧的灰色按钮，使其变为红色，在第 500 帧生成关键帧▊500，如图 4-5-32 ④⑤所示。在时间线上单击第 550 帧落下时间指针▊，在属性面板中设置编辑器可见和渲染器可见为"关闭"，单击它们左侧的灰色按钮，使其变为红色，在第 550 帧生成关键帧▊550，如图 4-5-32 ⑥⑦所示。

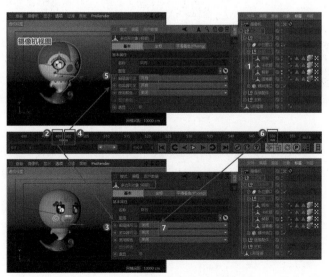

图 4-5-32

步骤5 完成"温蒂娜"对象在第550帧显示的动画。在对象列表中单击"加湿器>灯神水箱>水箱>温蒂娜"对象，在时间线上单击第549帧落下时间指针▮，在属性面板中单击"多边形对象［温蒂娜］>基本"，设置编辑器可见和渲染器可见为"关闭"，单击它们左侧的灰色按钮，使其变为红色，在第549帧生成关键帧▮，如图4-5-33①②③所示。在时间线上单击第550帧落下时间指针▮，在属性面板中设置编辑器可见和渲染器可见为"默认"或"开启"，单击它们左侧的灰色按钮，使其变为红色，在第550帧生成关键帧▮，如图4-5-33④⑤所示。

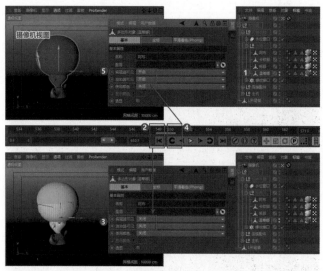

图4-5-33

完成动作6

加湿器停止自转后，水箱向上旋开，朝镜头右侧顶端移动出镜。

水箱向上移动朝镜头右侧顶端出镜

图4-5-34

步骤1 完成"灯神水箱"对象第600～625帧自转半周同时上移，向上旋开的动画如图4-5-34所示。

"灯神水箱"对象最后一个关键帧在第425帧，接下来要做的动作从第600帧开始。在对象列表中单击"灯神水箱"对象，在时间线上按住Ctrl键拖曳第425帧关键帧到第600帧，实现复制帧，如图4-5-35所示。

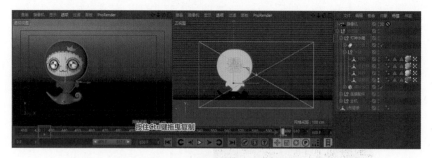

图4-5-35

步骤2 在时间线上单击第625帧落下时间指针▮，单击"工具栏>移动"工具✥，在正视图中将"灯神水箱"对象沿y轴方向上移，位置如图4-5-36中摄像机视图所示，在属性面板中修改"空白［灯神水箱］>坐标>R，H"参数为180°，单击记录活动对象◉，在第625帧生成关键帧▮。

步骤3 完成"灯神水箱"对象第625～650帧朝镜头右侧顶端自转上移出镜的动画。

在时间线上单击第650帧落下时间指针▮，使用移动工具✥在正视图和右视图中移动"灯神水箱"对象，如图4-5-37所示，将对象移出镜头外，在属性面板中修改"空白［灯神水箱］>坐标>R.H"参数为360°，"R.P"参数为50°，单击记录活动对象◉，在第650帧生成关键帧▮。

播放动画进行测试，单击向前播放▶播放动画，单击⏸暂停播放动画。

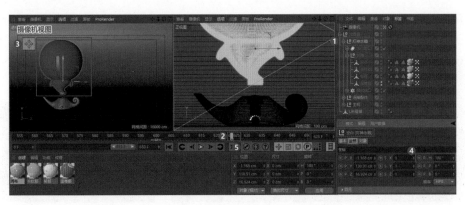

图 4-5-36

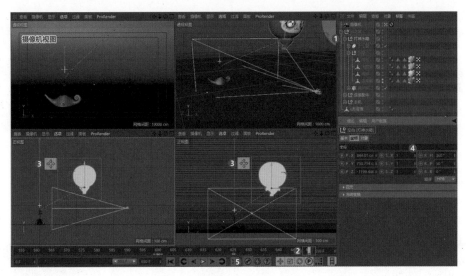

图 4-5-37

4.5.2 制作镜头 2 的动画——展示加湿器的飞毯底座配件

镜头 2 的动作过程如图 4-5-38 所示，温蒂娜水箱从上方旋转入镜并扣合在底座上，另外 3 个水箱扣在底座上先后入镜停下，加湿器主机从上方入镜。

该镜头在操作上可以分解为两组动作。

动作 1：单独制作温蒂娜水箱与底座的扣合动作。

动作 2：统一制作 4 个水箱先后旋转入镜停下，加湿器主机从上方入镜。

扫码观看视频

图 4-5-38

搭建镜头 2 的场景

镜头 2 的场景如图 4-5-39 所示，4 个水箱依次排列，加湿器主机悬空。

步骤 1 "镜头 2"文件在第 4.3.5 小节中已经创建好了，里面已经制作了一个对象"飞毯底座"。如果该文件中还留有原来建模时的参照背景图，则关闭所有背景图的显示。在属性面板中单击"模式 > 视图设置 > 背景"，取消勾选每个视图属性面板中的"显示图片"，如图 4-5-40 所示。

图 4-5-39

步骤 2　在属性面板中单击"模式 > 工程 > 工程设置"，如图 4-5-41 所示，修改"帧率（FPS）"参数为 25，"最大时长"参数为 150F，"预览最大时长"参数为 150F。

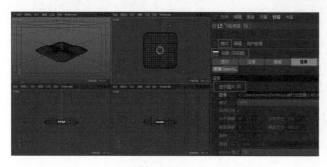

图 4-5-40　　　　　　　　　　　　　　　　　　　　图 4-5-41

步骤 3　之前完成的"镜头 1"文件中已经制作了 4 个 UV 贴图不同的灯神水箱加湿器模型，打开"镜头 1"文件，在对象列表中选中"加湿器"和"L 形背景"对象，按组合键"Ctrl+C"执行复制命令；在菜单栏中单击"窗口"，打开"镜头 2"文件，按组合键"Ctrl+V"执行粘贴命令将所选对象粘贴到镜头 2 场景中，如图 4-5-42 所示。

图 4-5-42

步骤 4　复制过来的对象如果带有关键帧，必须要删除其关键帧。在对象列表中单击"加湿器"对象左侧的加号打开其子级，再单击"水箱"对象左侧的加号打开其子级，在对象列表中框选对象，如图 4-5-43 所示。这些对象都带有关键帧，在时间线上框选所有关键帧并按 Delete 键删除。

也可以在选中所有带关键帧的对象后，在属性面板中按住组合键"Shift+Ctrl+Alt"的同时，单击参数左侧记录关键帧的按钮，如图 4-5-44 所示，删除该参数上记录的所有关键帧。

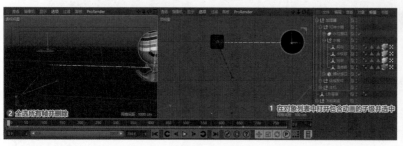

图 4-5-43　　　　　　　　　　　　　　　　　　　　图 4-5-44

步骤 5　在复制粘贴带关键帧的对象时，时间线会自动适应对象的关键帧长度并进行调整，在动画编辑窗口中修改时间线长度为 150F，如图 4-5-45 所示。

图 4-5-45

步骤 6　在对象列表中单击"加湿器"对象，在"空白 [加湿器]"的属性面板中将所有坐标参数设置为 0cm，如图 4-5-46 所示。

步骤 7　调整对象的层级关系。在对象列表中框选或按住 Shift 键加选"加湿器"的子级"连接配件"和"主机"，将它们移出父级，按组合键"Alt+G"将它们编组为"空白"对象，双击"空白"对象，将其重命名为"加湿器主机"，如图 4-5-47 所示。

步骤 8　单击"工具栏 > 移动"工具 ✛，适当移动"灯神水箱"对象的位置，如图 4-5-48 所示。

步骤 9　在对象列表中拖曳"飞毯底座"对象为"加湿器"对象的子级，使用移动工具 ✛ 移动"飞毯底座"对象的位置，如图 4-5-49 所示，使水箱接口刚好扣合在飞毯底座中。

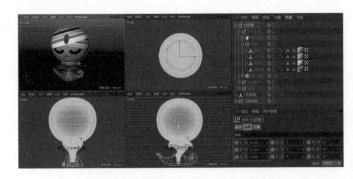

图 4-5-46

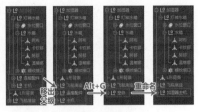

图 4-5-47

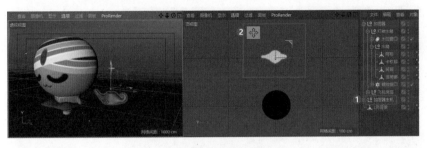

图 4-5-48

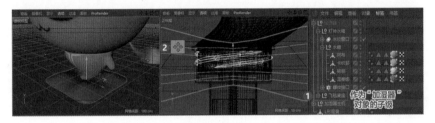

图 4-5-49

步骤 10　现在"加湿器"对象中已经包括了子级"灯神水箱"和"飞毯底座"，"灯神水箱"的子级中包括了 4 个 UV 贴图不同的水箱对象。在对象列表中单击"加湿器"对象，按组合键"Ctrl+C"执行复制命令，连续按 3 次组合键"Ctrl+V"，执行 3 次粘贴命令复制出 3 个副本，如图 4-5-50 所示。

步骤 11　在对象列表中打开子级"加湿器 .3> 灯神水箱 > 水箱"，只保留"阿布"，删除另外 3 个对象；双击"加湿器 .3"对象，将其重命名为"阿布"，如图 4-5-51 所示。

步骤 12　参考步骤 11 的操作，将"加湿器 .2""加湿器 .1""加湿器"对象中"水箱"的子级分别只保留"卡钦那""努那""温蒂娜"，并重命名为对应的名称，如图 4-5-52 所示。

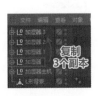

图 4-5-50

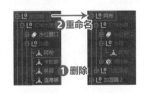

图 4-5-51

图 4-5-52

步骤 13 单击"工具栏 > 摄像机"工具 ![icon]，创建一个"摄像机"对象。在"摄像机对象［摄像机］"的属性面板中设置摄像机的坐标和旋转参数，参考图 4-5-53 所示，形成一个正面带一点点俯拍效果的镜头画面。在对象列表将摄像机对象的隐藏/显示栏中的 ![icon]单击为 ![icon]，将透视视图改为摄像机视图；另选一个视图修改为透视视图，并调整为"光影着色（线条）"显示，方便观察、操作。

场景中的对象排列如图 4-5-53 所示。右击，执行"CINEMA 4D 标签 > 保护"命令，锁定摄像机当前的机位，防止操作过程中被改变。

完成动作 2

整个镜头 2 动画被分解为两组动作，如图 4-5-38 所示。动作 1 是"温蒂娜"对象在参与动作 2 的过程中同步完成的，所以先完成动作 2，4 个水箱先后旋转入镜停在地面，加湿器主机从上方入镜，如图 4-5-54 所示。

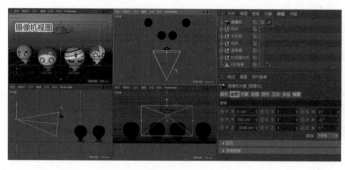

图 4-5-53

图 4-5-54

步骤 1 完成 4 个"加湿器"对象第 0 ～ 50 帧入镜并停在地面的动画。在对象列表中框选"阿布""卡钦那""努那""温蒂娜"4 个对象，在时间线上单击第 50 帧落下时间指针 ![icon]，单击记录活动对象 ![icon]，在第 50 帧生成关键帧 ![icon]，如图 4-5-55 ①②③所示。在时间线上单击第 0 帧落下时间指针 ![icon]，单击"工具栏 > 移动"工具 ![icon]，移动所选对象的位置，如图 4-5-55 ④⑤所示，单击记录活动对象 ![icon]，在第 0 帧生成关键帧 ![icon]，如图 4-5-55 ⑥所示。

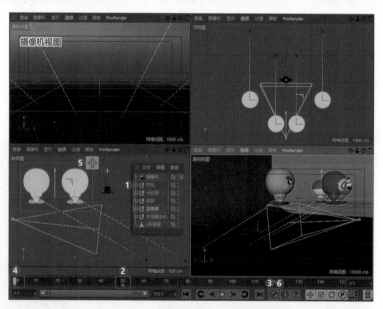

图 4-5-55

步骤 2 完成 4 个"加湿器"对象旋转入镜的动画。在第 0 帧单独对"阿布""卡钦那""努那""温蒂娜"4 个对象的位置和旋转角度进行调整，具体参数和位置可参考图 4-5-56 所示。注意选择对象的时候要在对象列表中单击选中，每调整完一个对象后，要单击记录活动对象 ![icon]记录关键帧。4 个对象在第 0 帧记录的位置与角度对动态效果起关键作用，建议多尝试不同的位置和角度。

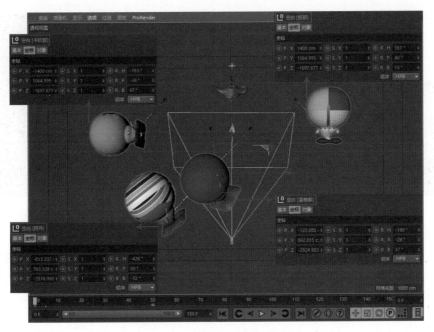

图 4-5-56

步骤3 播放动画进行测试，现在 4 个对象的动作节奏太统一，调整"阿布""卡钦那""努那"对象的关键帧在时间线上的位置，从而适当调整运动对象入镜和停止运动的时间点，如图 4-5-57 所示。

图 4-5-57

步骤4 完成加湿器主机第 0 ～ 50 帧入镜的动画。在对象列表中单击"加湿器主机"对象，在时间线上单击第 50 帧落下时间指针 ▌，单击记录活动对象 ◯，在第 50 帧生成关键帧 50，如图 4-5-58 ①②③所示。在时间线上单击第 0 帧落下时间指针 ▌，单击"工具栏 > 移动"工具 ✛，在正视图或左右视图中沿 y 轴方向向上移动所选对象至镜外，如图 4-5-58 ④⑤所示，单击记录活动对象 ◯，在第 0 帧生成关键帧 ▌，如图 4-5-58 ⑥所示。

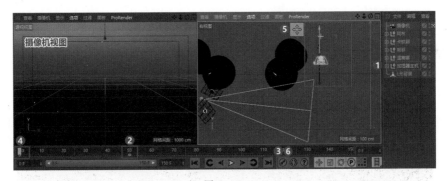

图 4-5-58

步骤5 完成加湿器主机入镜后的振动动画。在对象列表中右击"加湿器主机"，执行"CINEMA 4D 标签 > 振动"命令，如图 4-5-59 所示。

单击振动标签，修改属性面板中的"振动表达式 [振动] > 标签 > 启用位置"为勾选状态，"振幅"y 轴方向参数为 100cm、其他方向参数为 0cm、"频率"参数为 0.4，如图 4-5-60 所示。

图 4-5-59

图 4-5-60

完成动作 1

动作 1 如图 4-5-61 所示，温蒂娜水箱旋转扣合在飞毯底座上。

步骤 1 完成温蒂娜水箱和飞毯底座第 0 ~ 25 帧旋转扣合在一起的动画。"温蒂娜"对象已经完成了第 0 ~ 50 帧入镜并停在地面的动画，动作 1 的全部动作在该对象的子级上完成。在对象列表中单击"温蒂娜"对象左侧的加号 回 打开其子级，框选"灯神水箱"和"飞毯底座"对象，如图 4-5-62 所示，在时间线上单击第 25 帧落下时间指针 ▌，单击记录活动对象 ◎，在第 25 帧生成关键帧 ▓ 。

图 4-5-61

图 4-5-62

步骤 2 在对象列表中单击"灯神水箱"对象，在时间线上单击第 0 帧落下时间指针 ▌，将坐标系统单击为对象坐标系统 ▣，使用移动工具 ✛ 沿 y 轴方向向上移动所选对象，如图 4-5-63 ①②③④所示，在属性面板中修改"空白 [灯神水箱] > 坐标 >R.H"参数为 −240°，单击记录活动对象 ◎，在第 0 帧生成关键帧 ▌，如图 4-5-63 ⑤⑥所示。注意子级的旋转方向要与父级一致。

图 4-5-63

步骤 3 在对象列表中单击"飞毯底座"，在时间线上单击第 0 帧落下时间指针 ▌，确定坐标系统为对象坐标系统 ▣，使用移动工具 ✛ 沿 y 轴方向向上移动旋转所选对象，如图 4-5-64 所示，单击记录活动对象🖊，在第 0 帧生成关键帧🔑。

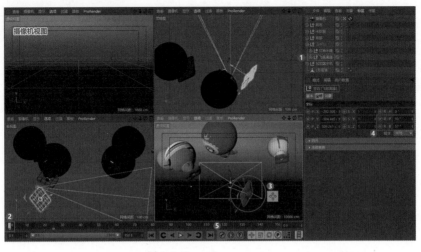

图 4-5-64

注意"灯神水箱"和"飞毯底座"在第 0 帧记录的位置与角度对动态效果起关键作用，建议多尝试不同的位置和角度。

扫码观看视频

4.5.3　制作镜头 3 的动画——强调加湿器的产品形象

镜头 3 的动作过程如图 4-5-65 所示，加湿器从右向左位移入镜，在画面正中停住。

步骤 1　搭建镜头 3 的场景，如图 4-5-65 所示，阿布加湿器在镜头正中间。

新建空白场景并保存文件，在该场景中完成镜头 3 的制作。单击"文件 > 新建"和"文件 > 保存"，保存名为"镜头 3"的 C4D 文件。

步骤 2　选中"镜头 1"文件中的"加湿器"和"L 形背景"对象，按组合键"Ctrl+C"执行复制命令，在当前场景中按组合键"Ctrl+V"粘贴所选对象，并删除所有对象的关键帧；设置工程"帧率"为 25，"最大时长"和"预览最大时长"为 100F，如图 4-5-66 所示。

本步骤具体操作方法可参考第 4.5.2 小节中"搭建镜头 2 的场景"的步骤 2 ~ 步骤 6。

在画外从右向左位移入镜

神灯加湿器入镜后停在画面正中

图 4-5-65

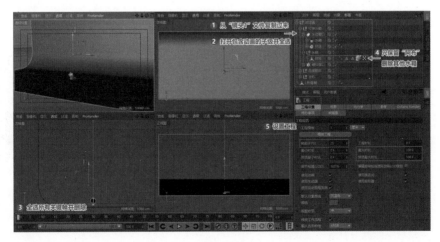

图 4-5-66

步骤 3　在对象列表中单击"加湿器"对象，在"空白［加湿器］"的属性面板中将加湿器的所有坐标参数设置为 0cm，如图 4-5-67 所示。

步骤 4 单击"工具栏 > 摄像机"工具  ，创建一个"摄像机"对象。在"摄像机对象［摄像机］"的属性面板中，设置摄像机的坐标和旋转参数，如图 4-5-67 所示。

图 4-5-67

步骤 5 完成"加湿器"对象第 0 ～ 20 帧从右向左位移入镜，在画面正中停住的动画。当前加湿器入镜后停住的位置已经确定好了，在对象列表中单击"加湿器"对象，在时间线上单击第 20 帧落下时间指针 ，单击记录活动对象 ，在第 20 帧生成关键帧 。在时间线上单击第 0 帧落下时间指针 ，将"加湿器"对象沿 x 轴方向向右移出画面外，再以 y 轴为中心适当调整旋转的角度，参数调整参考图 4-5-68 所示，单击记录活动对象 ，在第 0 帧生成关键帧 。

图 4-5-68

4.5.4 制作镜头 4 的动画——展示加湿器开关

镜头 1 中有一个展示加湿器雾量调控效果的特写画面，如图 4-5-69 所示。

步骤 1 镜头 4 的场景可以直接使用"镜头 3"文件中的对象，打开"镜头 3"文件，执行"文件 > 另存为"命令，保存名为"镜头 4"的 C4D 文件。

步骤 2 删除场景中的所有关键帧。

步骤 3 在对象列表中单击"加湿器"对象，在"空白［加湿器］"的属性面板中将加湿器的所有坐标参数设置为 0cm，如图 4-5-70 所示。

扫码观看视频

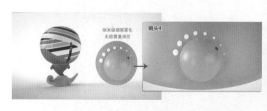

图 4-5-69

图 4-5-70

步骤 4 在"摄像机对象［摄像机］"的属性面板中设置摄像机的坐标和旋转参数，如图 4-5-71 所示。

步骤 5 在对象列表中单击"加湿器 > 主机 > 雾量开关"对象，单击"编辑模式工具栏 > 启用轴心"工具 ，使用移动工具 调整"雾量开关"对象的轴心，如图 4-5-72 所示，使轴心在对象的中心。单击"启用轴心" 工具，暂停该工具的使用。

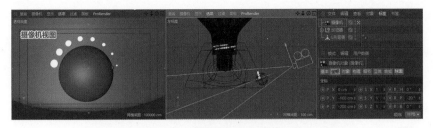

图 4-5-71

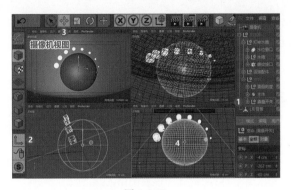

图 4-5-72

步骤 6 选择坐标系统为对象坐标系统 ，在属性面板中调整"空白［雾量开关］> 坐标 >R.P"参数为 -25°，使"雾量开关"对象的 y 轴与加湿器主机的外斜面平行，如图 4-5-73 所示。

图 4-5-73

步骤 7 完成"雾量开关"对象第 0 ~ 75 帧的旋转动画。在时间线上单击第 0 帧落下时间指针 ，调整属性面板中的"空白［雾量开关］> 坐标 >R.B"参数，使雾量开关的指示灯在第 0 帧指向小雾量，单击参数左侧的灰色按钮 ，使其变成红色 ，以记录当前参数关键帧，如图 4-5-74 所示。

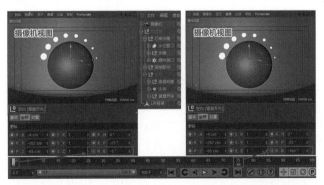

图 4-5-74

在时间线上单击第 75 帧落下时间指针 ，调整属性面板中的"空白［雾量开关］> 坐标 >R.B"参数，使雾量开关的指示灯在第 75 帧指向大雾量，单击参数左侧的灰色按钮 ，使其变成红色 ，以记录当前参数关键帧，如图 4-5-74 所示。

4.6　任务 4：OC 灯光材质的制作

通过本任务的制作与学习，读者可以解锁以下技能点。

Cinema 4D 商业动画项目教程（全彩慕课版）

解锁技能点			
◐ OC HDRI 环境设置	⬚ OC 渲染设置	⬤ OC 漫射材质	⬤ OC 光泽材质
⬤ OC 发光材质	⬤ OC 混合材质	⬤ OC 透明材质	▣ OC 灯光布局

本任务将介绍 OC 渲染器的环境设置和 OC 漫射、光泽、发光、透明、混合材质的制作，以及 OC 灯光布局。

4.6.1　创建 Octane HDRI 环境

步骤 1　打开"镜头 1"文件，这个文件中包含镜头 1 场景的所有模型和动画，材质窗口中已经包含了 4 个贴了不同纹理的 OC 光泽材质。

扫码观看视频

在菜单栏中 "Octane>Octane 实时查看窗口"，拖曳菜单栏左边的方块▣，将窗口整个嵌入 C4D 界面中，Octane 工具条已经布局在 Octane 实时查看窗口顶端，如图 4-6-1 所示。也可以调用 OC 自定义布局，OC 自定义布局设定和调用的操作步骤参考项目 1 的 1.6 任务 4。

图 4-6-1

步骤 2　创建 Octane HDRI 环境，为场景设定一个基础的光照环境。如果不懂布光技巧，单独使用合适的 HDR，是一个比较简便的搭建光照环境的方法。

在 Octane 菜单栏中单击"对象 >Octane HDRI 环境"，如图 4-6-2 所示，新建一个"Octane Sky"对象。单击 "Octane Sky" 对象标签栏里的 Octane 环境标签◐，单击属性面板中 "Octane 环境标签 [Octane 环境标签] > 主要 > 纹理"右边的小按钮，打开项目 4 素材"文件夹里面的 HDR 文件"hdr 018.hdr"，添加环境贴图。HDR 贴图对整体环境起关键性作用，一般制作时需要测试不同的 HDR 文件对场景环境的不同影响。修改属性面板中的 "Octane 环境标签 [Octane 环境标签] > 主要 > 功率"参数为 1，"旋转 X"参数为 0.46，"旋转 Y"参数为 0.16。在 Octane 实时查看窗口中单击✖查看实时渲染结果。

"功率""旋转 X"和"旋转 Y"参数对整体环境和反射的细节起关键性的影响，图 4-6-3 所示是当前场景的 OC 环境在不同旋转参数下的对比。

步骤 3　进行 Octane 渲染设置。在 Octane 工具条中单击▣，弹出 Octane 设置面板。将"核心"下的第一项改为"路径追踪"，如图 4-6-4 所示。设置"最大采样"参数为 500，设置"漫射深度"参数为 8，设置"折射深度"参数为 8，设置"焦散模糊"参数为 0.5，如图 4-6-5 所示。各渲染参数解析参考"项目 8"。

图 4-6-2

图 4-6-3

图 4-6-4

图 4-6-5

以上是这个项目测试渲染效果的基础参数设置，正式渲染输出时，再增大"最大采样"的参数值。"最大采样"参数值越大，渲染画面越细腻，渲染时间也越长。当"最大采样"参数为 500 时，若测试渲染的速度仍然太慢，则可以将其降为 200。

步骤 4　在 Octane 设置面板中单击"摄像机成像"，修改"伽马"参数为 2.2，修改"镜头"为 Linear（在下拉菜单的末尾），如图 4-6-6 所示。关闭 Octane 设置面板，在 Octane 实时查看窗口中单击 查看实时渲染结果，如图 4-6-7 所示。此时场景已经具备了基础的光照效果。

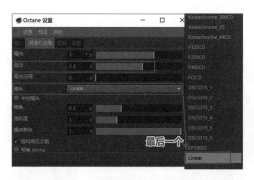

图 4-6-6

图 4-6-7

小提示

Octane 渲染设置完成后，可以保存一个预设，方便以后调用。在 Octane 渲染设置菜单栏中单击"预设 > 添加新预设"，在弹出的面板中输入预设名称后，单击"Add Preset"添加预设，关闭面板。在菜单栏中单击"预设"，新建的预设就会出现在下拉菜单末尾，如图 4-6-8 所示。

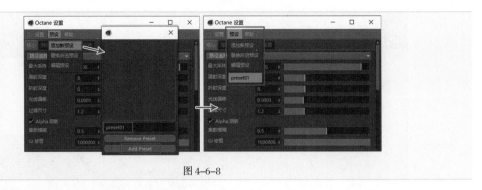

图 4-6-8

4.6.2 制作 Octane 漫射材质

制作"L形背景"的白色漫射材质。

在 Octane 菜单栏中单击"材质 >Octane 漫射材质"，如图 4-6-9 所示，在材质窗口中创建一个 OC 漫射材质球。这个材质球的默认颜色是明度约为95%的白色。双击材质球的名称，将其重命名为"地面"，将材质球拖曳到对象列表中的"L形背景"上，为"L形背景"添加白色漫射材质，如图 4-6-10 所示。

图 4-6-9

图 4-6-10

4.6.3 制作 Octane 光泽材质

步骤1 制作主机的蓝色磨砂光泽材质，如图4-6-11所示。在Octane 菜单栏中单击"材质 >Octane 光泽材质"，如图 4-6-12 所示，在材质窗口中创建一个 OC 光泽材质球。双击材质球，打开材质编辑器，修改材质球名称为"蓝色塑料"，修改材质球颜色如图 4-6-13 所示。单击"粗糙度"，修改"浮点"参数为 0.35，单击"索引"，修改"索引"参数为 2，如图 4-6-14 所示。

扫码观看视频

图 4-6-11

图 4-6-12

图 4-6-13

图 4-6-14

步骤2 在对象列表中打开"加湿器"对象的子级，将蓝色塑料材质从材质窗口拖曳到对象列表中"加湿器"的子级"主机"上，为"主机"对象添加蓝色塑料材质，如图 4-6-15 所示。

在观察局部渲染效果时，可以单击▣，在实时查看窗口中框选渲染区域，以节省测试时间。再单击▣，可以取消渲染区域的框选。

需要放大观察局部渲染效果时，可以把创建的摄像机暂时取消激活，如图 4-6-16 所示，使用默认摄像机在不同角度的视图观察渲染效果。

步骤 3 制作雾量刻度配件的白色光泽材质，如图 4-6-18 所示。在 Octane 菜单栏中单击"材质 > Octane 光泽材质"，如图 4-6-12 所示，在材质窗口中创建一个 OC 光泽材质球。双击材质球，打开材质编辑器，修改材质球名称为"白色塑料"；单击"粗糙度"，修改"浮点"参数为 0.1，如图 4-6-17 所示。

已激活摄像机
未激活摄像机

图 4-6-15　　　　　　　　　　图 4-6-16　　　　　　　　图 4-6-17

步骤 4 将白色塑料材质从材质窗口拖曳到对象列表中的"加湿器 > 主机 > 雾量刻度"对象上，为"雾量刻度"对象添加白色塑料材质，如图 4-6-18 所示。

步骤 5 制作连接配件的浅蓝色光泽材质，如图 4-6-19 所示。在时间线上单击第 350 帧落下时间指针，使动画停在展示连接配件的时刻。在 Octane 菜单栏中单击"材质 >Octane 光泽材质"，在材质窗口中创建一个 OC 光泽材质球。双击材质球，打开材质编辑器，修改材质球名称为"浅蓝色塑料"，修改材质球颜色如图 4-6-20 所示；单击"粗糙度"，修改"浮点"参数为 0.1。

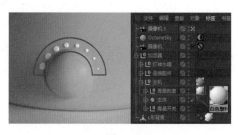

图 4-6-18　　　　　　　　图 4-6-19　　　　　　　　图 4-6-20

步骤 6 将浅蓝色塑料材质从材质窗口拖曳到对象列表中"加湿器"的子级 "连接配件"上，为其添加浅蓝色光泽材质，如图 4-6-21 所示。

步骤 7 制作螺纹接口处的橘色光泽材质，如图 4-6-19 所示。展示连接配件时会露出水箱接口，接口处的螺纹需要与水箱的材质、颜色一致。

在 Octane 菜单栏中单击"材质 >Octane 光泽材质"，在材质窗口中创建一个 OC 光泽材质球。双击材质球，打开材质编辑器，修改材质球名称为"橘色塑料"；单击"漫射"的颜色色块调出"颜色拾取器"，单击"吸管"工具，打开项目 4"素材 > 贴图"文件夹里面的"灯神阿布 .png"文件，吸取图中的橘色，如图 4-6-22 所示。

图 4-6-21

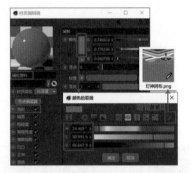

图 4-6-22

步骤 8 将橘色塑料材质从材质窗口拖曳到对象列表中的"加湿器 > 灯神水箱 > 螺纹接口"子级对象上，为其添加橘色光泽材质，如图 4-6-23 所示。

步骤 9 制作螺纹接口处的桃红色光泽材质，如图 4-6-25 中的渲染窗口图像所示。当镜头 1 进行到动作 6 的时候，桃红色的温蒂娜水箱会飞出画外，此时的螺纹接口应该是桃红色而不是橘色。

在材质窗口中按住 Ctrl 键拖曳橘色塑料材质复制出一个副本。双击该材质球，打开材质编辑器，修改材质球名称为"桃红塑料"，单击"漫射"的颜色色块调出"颜色拾取器"，单击"吸管"工具，打开项目 4"素材 > 贴图"文件夹里面的"灯神温蒂娜 .png"文件，吸取图中的桃红色，如图 4-6-24 所示。

图 4-6-23

这个材质球制作完成之后暂时不使用，渲染动画时，先渲染第 0 ~ 600 帧，"螺纹接口"使用橘色塑料材质，再渲染第 601 ~ 650 帧，"螺纹接口"使用桃红塑料材质，如图 4-6-25 所示。

图 4-6-24

图 4-6-25

也可以使用另一个方法：将"螺纹接口"对象复制出一个副本，为它们分别添加橘色塑料和桃红塑料材质，设置第 0 ~ 600 帧显示添加了橘色塑料材质的"螺纹接口"对象，另一个隐藏。第 601 ~ 650 帧隐藏添加了橘色塑料的"螺纹接口"对象，另一个显示。

4.6.4 制作 Octane 发光材质

步骤 1 制作指示灯的材质，指示灯是一个塑料的发光球，如图 4-6-26 所示。指示灯材质由一个发红光的材质和一个带反射的光泽材质混合组成。先制作红色发光材质。在 Octane 菜单栏中单击"材质 >Octane 漫射材质"，如图 4-6-9 所示，在材质窗口中创建一个 OC 漫射材质。双击材质球，

图 4-6-26

打开材质编辑器，修改材质球名称为"红色发光"，修改材质球颜色如图4-6-27所示。

单击"发光"，在右边的发光属性面板中单击"黑体发光"，再单击"纹理"右边的"黑体发光"，弹出黑体发光的属性面板，单击纹理右边的小三角，单击"C4doctane>RGB颜色"，如图4-6-28所示。

单击色块，设置发光颜色，修改颜色如图4-6-29所示；单击向上的小三角返回上一级，修改"功率"参数为0.003，修改"色温"参数为4000。

图4-6-27

图4-6-28　　　　　　　　　图4-6-29

小提示

OC发光材质除了有发光效果，还有真实的照明功能，材质的发光强度主要通过"功率"参数调整。将材质赋予对象之后，发光效果还和对象本身的尺寸有关。

图4-6-30所示是功率相同的OC发光材质贴在不同大小的球体对象上的对比图，通过B、C、D球的对比可知，发光材质相同的情况下对象尺寸越大，发光强度越弱，但照明效果不变。

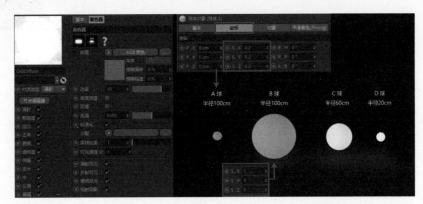
图4-6-30

A、B球的发光材质相同，半径大小也一样，所以发光强度一样，而因为它们坐标中的比例参数不同，所以外观大小不同。

步骤2　制作反射光泽材质。在Octane菜单栏中单击"材质＞光泽材质"，在材质窗口中创建一个OC光泽材质球。双击材质球，打开材质编辑器，修改材质球名称为"反射"；单击"粗糙度"，修改"浮点"参数为0.095，单击"索引"，修改"索引"参数为1，如图4-6-31所示。

步骤3　制作Octane混合材质。在Octane菜单栏中单击"材质＞Octane混合材质"，如图4-6-32所示，在材质窗口中创建一个OC光泽材质球。双击材质球，打开材质编辑器，修改材质球名称为"指示灯"，将步骤1和步骤2制作的红色发光和反射材质球分别拖曳到"材质1"和"材质2"右边的框中，单击"混合材质＞浮点"，修改"浮点"参数为0.1，如图4-6-33所示。

步骤4　将指示灯材质从材质窗口拖曳到对象列表中的"加湿器＞主机＞雾量开关＞指示灯"对象上，为"指示灯"对象添加红色发光反射材质，如图4-6-34所示。

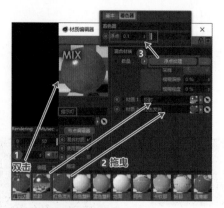

图 4-6-31　　　　　　　　图 4-6-32　　　　　　　　图 4-6-33

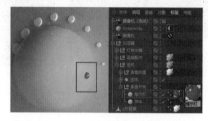

图 4-6-34

小提示

　　OC渲染器有时会渲染不出运动图形或基本几何体，将它们转为可编辑对象或在属性面板中取消勾选"理想渲染"就可以解决这个问题，如图4-6-35所示。

图 4-6-35

4.6.5　制作 Octane 透明材质

　　步骤 1　制作水位窗口的透明材质。在时间线上单击第 300 帧落下时间指针，使动画停在加湿器转到背面的时刻。在 Octane 菜单栏中单击"材质 >Octane 透明材质"，如图 4-6-36 所示，在材质窗口中创建一个 OC 透明材质球。双击材质球，打开材质编辑器，修改材质球名称为"水位窗口"；单击"伪阴影"，修改"伪阴影"为勾选状态，如图 4-6-37 所示。

　　步骤 2　将水位窗口材质从材质窗口拖曳到对象列表中的"加湿器 > 灯神水箱 > 水位窗口"对象上，为其添加透明材质，如图 4-6-38 所示。

图 4-6-36　　　　图 4-6-37　　　　　　　　图 4-6-38

步骤 3 透过玻璃材质可见水箱内部很暗，显得玻璃看起来偏黑，在水箱里创建一个 OC 区域光，以照亮水箱内部。

在 Octane 菜单栏中单击"对象 >Octane 区域光"，如图 4-6-39 所示，在场景中创建一个 OC 区域光。在对象列表中单击"OctaneLight"，在属性面板中修改"灯光对象［OctaneLight］> 坐标 >R.P"参数为 90°，调整灯光朝 y 轴方向下方照射，如图 4-6-40 所示。

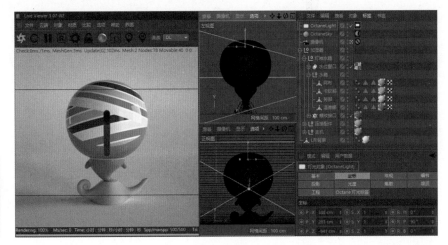

图 4-6-39   图 4-6-40

在属性面板中修改"灯光对象［OctaneLight］> 细节 > 水平尺寸"参数为 200，修改"垂直尺寸"参数为 200，如图 4-6-41 所示。调整灯光尺寸，使其可以完全藏于水箱内部的顶部，使用移动工具 ✛ 将灯光移动到水箱内部的顶部，如图 4-6-40 中的左视图和正视图所示。

在属性面板中修改"灯光对象［OctaneLight］> Octane 灯光标签 > 功率"参数为 9，如图 4-6-42 所示。

修改"灯光对象［OctaneLight］> Octane 灯光标签 > 可视 > 摄像机可见性"为不勾选状态，使灯光不会作为实体对象被渲染出来，如图 4-6-42 所示。

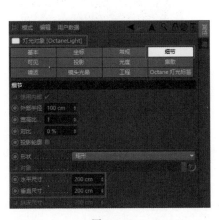

图 4-6-41

图 4-6-42

4.6.6　创建镜头1的灯光布局

全部材质创建完成以后，接下来进行灯光布局。当前场景中已经创建了基础的环境光照，场景的最终效果是高亮的色调，灯光调整过程如图4-6-43所示。

步骤1　因为要增加灯光，所以需要适当减小天空环境的功率。在对象列表中单击"OctaneSky"对象的 ○ 标签，在属性面板中修改"Octane 环境标签 [Octane 环境标签] > 主要 > 功率"参数为0.7，如图4-6-44所示。

步骤2　添加一个侧光。当前场景的左侧较暗，添加一个照射范围较大的OC目标区域光来照亮左侧。

在场景中没有选中任何对象的条件下，在Octane菜单栏中单击"对象 > Octane 目标区域光"，如图4-6-45所示，在场景中创建一个OC目标区域光。

OC目标区域光由两个对象组成：一个是带目标标签的OC区域光，另一个是区域光照射的目标对象（目标标签默认绑定），如图4-6-46所示。在没有选择任何对象的条件下创建的OC目标区域光，软件会自动在原点坐标创建一个"空白"对象作为照射的目标对象，如图4-6-47所示。在已经选择了对象的条件下创建的OC目标区域光，软件会以选定对象作为照射的目标对象。

在对象列表中双击"OctaneLight"对象，将其重命名为"侧光"，在属性面板中修改"灯光对象 [侧光] > 细节 > 水平尺寸"参数为3832，修改"垂直尺寸"参数为3039，如图4-6-48所示。

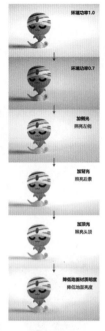

图4-6-43

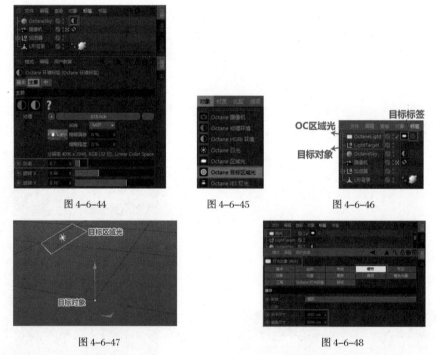

图4-6-44　　　　　　图4-6-45　　　　　　图4-6-46

图4-6-47　　　　　　　　　　　图4-6-48

在属性面板中修改"灯光对象 [侧光] > Octane 灯光标签 > 灯光设置 > 功率"参数为80（参考值），"色温"参数为6000，"折射可见"为不勾选状态，"可视 > 摄像机可见性"为不勾选状态，如图4-6-49所示。

OC的灯光默认开启投影，可以不开启；还可以设定漫射、折射和摄像机不可见，但不可以排除照射对象。

在对象列表中单击"LightTarget"对象，使用移动工具 ✛ 将"LightTarget"对象移动到加湿器入镜后的位置，如图4-6-50所示。

步骤3　调整侧光的照射角度。调整灯光的照射角度通过移动灯光来实现，也可以创建一个以灯光对象为摄像机视角的视图进行调整。在对象列表中单击"侧光"对象，选择一个视图窗口，在菜单栏中单击"摄像机 > 设置活动对象为摄像机"，此时视图的视角就改变为"侧光"对象照射的视角了，如图4-6-51所示。通过调整视图视角和范围，可以调整灯光的照射角度和距离（照射对象的远近）。

图 4-6-49

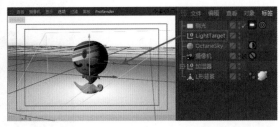

图 4-6-50

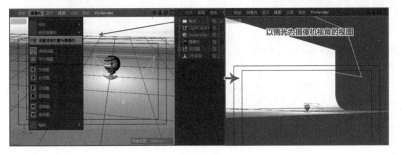

图 4-6-51

"侧光"对象"功率"为 80 时，灯光照射范围和照射角度如图 4-6-51 右图和图 4-6-52 所示。加侧光后的效果如图 4-6-53 所示。

图 4-6-52

图 4-6-53

小提示

本项目中给出的 OC 灯光"功率"参数值是一个参考值，影响光照效果的因素有 4 个。

（1）功率：在同样的灯光尺寸和照射距离条件下，功率越大，发光强度越强，反之越弱。

（2）灯光自身尺寸：在同样的功率和照射距离条件下，灯光尺寸越大，发光强度越强，反之越弱。

调大灯光尺寸，减小功率，投影变虚。

调小灯光尺寸，增大功率，投影变实。

（3）照射对象的距离：在同样的功率和灯光尺寸条件下，距离照射对象越近，发光强度越强，反之越弱。

（4）照射角度。

步骤 4 添加一个背光。当前场景的后景较暗，添加一个照射范围较大的 OC 区域光来照亮后景。

在 Octane 菜单栏中单击"对象 >Octane 区域光"，在场景中创建一个 OC 区域光。在对象列表中双击"OctaneLight"对象，将其重命名为"背光"。在属性面板中修改"灯光对象 [背光] > 坐标 >R.P"参数为 –20°，修改"灯光对象 [背光] > 细节 > 水平尺寸"参数为 20621，修改"垂直尺寸"参数为 8450，调整灯光朝白色背景照射，如图 4-6-54 所示。

在属性面板中修改"灯光对象 [侧光] > Octane 灯光标签 > 灯光设置 > 功率"参数为 2（参考值），"色温"参数为 6000，"折射可见"为不勾选状态。"可视 > 摄像机可见性"为不勾选状态，如图 4-6-55 所示。

加背光后的效果如图 4-6-56 所示。

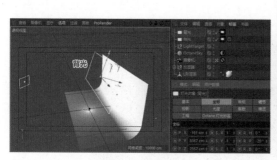

| 图 4-6-54 | 图 4-6-55 | 图 4-6-56 |

当前场景整体的光照效果已经基本完成，播放动画，观察动画过程中每个定镜的灯光效果，进行适当调整。

步骤 5 添加一个顶光。整体灯光布局完成后，进行局部的灯光布局。现在加湿器顶部有一些偏暗，在其顶部添加一个 OC 目标区域光。

在对象列表中单击"LightTarget"对象，在 Octane 菜单栏中单击"对象 >Octane 目标区域光"，如图 4-6-57 所示，在场景中创建一个 OC 目标区域光，它和侧光绑定的是同一个照射对象——"LightTarget"对象。

在对象列表中双击"OctaneLight"对象，将其重命名为"顶光"，修改"灯光对象 [顶光] > 细节 > 水平尺寸"参数为 2033，修改"垂直尺寸"参数为 1562，调整灯光的照射方向，如图 4-6-58 所示。

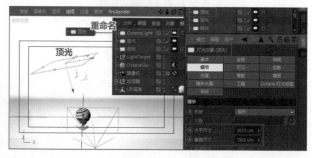

| 图 4-6-57 | 图 4-6-58 |

在对象列表中单击"顶光"对象，选择一个视图窗口，在菜单栏中单击"摄像机 > 设置活动对象为摄像机"，如图 4-6-59 所示。通过调整视图视角和范围来调整灯光的照射角度和距离（照射对象的远近）。

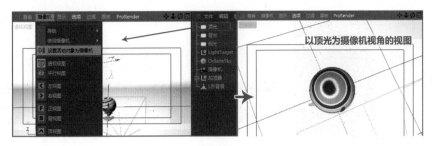

图 4-6-59

在属性面板中修改"灯光对象［顶光］> Octane 灯光标签 > 灯光设置 > 功率"参数为 4（参考值），"色温"参数为 6000，"折射可见"为不勾选状态。"可视 > 摄像机可见性"为不勾选状态，如图 4-6-60 所示。

加顶光后的效果如图 4-6-61 所示。

步骤 6 适当调整地面材质的明度。现在的地面有点曝光过度，可以适当降低地面材质的明度。在材质窗口中双击地面材质球，打开材质编辑器，单击"漫射 > 颜色"的色块，适当减小"V"的参数值，如图 4-6-62 所示。地面是白色的，像一个巨大的反光板，会影响场景中对象的亮度，将其亮度降低后，场景中对象的亮度也会降低。最终调整的效果如图 4-6-63 所示。

图 4-6-60　　　　　图 4-6-61　　　　　图 4-6-62　　　　　图 4-6-63

4.6.7　设置镜头 2 的灯光布局

扫码观看视频

镜头 2 可以直接使用镜头 1 的灯光布局，场景中的对象材质也可以使用镜头 1 中创建好的材质球。

步骤 1 打开"镜头 1"文件，在对象列表中框选灯光、天空对象，如图 4-6-64 所示，按组合键"Ctrl+C"执行复制命令；回到"镜头 2"文件中，按组合键"Ctrl+V"执行粘贴命令将所选对象粘贴到镜头 2 场景。

步骤 2 在"镜头 1"文件的材质窗口中框选材质球，如图 4-6-65 所示，按组合键"Ctrl+C"执行复制命令；回到镜头 2 场景中，单击材质窗口空白处，按组合键"Ctrl+V"执行粘贴命令，将所选材质球粘贴到镜头 2 场景的材质窗口中。

步骤 3 为镜头 2 场景中的对象赋予材质，如图 4-6-66 所示。"飞毯底座"和"主机"对象使用同一个蓝色塑料材质，其他对象的材质与镜头 1 相同。

步骤 4 镜头 2 里的对象较多，对象之间的投影、折射相互影响的因素有所增加，可以适当将整体环境的亮度提高。在对象列表中单击"OctaneSky"对象的标签，在属性面板中修改"Octane 环境标签［Octane 环境标签］> 主要 > 功率"参数为 0.75，如图 4-6-67 所示。

从"镜头1"文件的
对象列表中
复制过来

图 4-6-64

从"镜头1"文件的材质窗口中复制过来

图 4-6-65

步骤 5 适当调整地面材质的明度。如果地面较暗，可以适当提高地面材质的明度。在材质窗口中双击地面材质球，打开材质编辑器，单击"漫射 > 颜色"的色块，适当增大"V"的参数值，如图 4-6-68 所示。

图 4-6-66   图 4-6-67   图 4-6-68

步骤 6 调整顶光位置。"努那"对象所处的位置较暗，在对象列表中单击"顶光"对象，把顶光移到"努那"对象上方。适当调整顶光的功率，选择一个视图窗口，在菜单栏中单击"摄像机 > 设置活动对象为摄像机"，调整灯光照射角度，如图 4-6-69 所示。

步骤 7 适当调整背光的亮度。地面材质亮度提高了以后，背光也要做相应的调整，适当降低一点背光的亮度，如图 4-6-70 所示，否则背景可能会曝光过度。

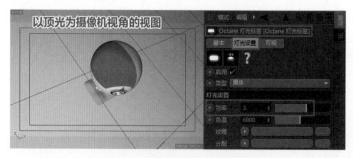

以顶光为摄像机视角的视图

图 4-6-69   图 4-6-70

适当调整其他灯光的参数和照射角度，最终调整的效果如图 4-6-71 和图 4-6-72 所示。

步骤 8 由于动画过程中会拍摄到水箱的背面，如图 4-6-73 所示，因此还需要为 4 个水箱内部加一个 OC 区域光，以照亮水箱内部。这个灯在第 4.6.5 小节的步骤 3 创建过，可以从"镜头 1"文件中复制到当前场景，也可以在当前场景重新创建。

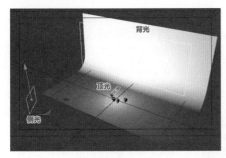

图 4-6-71 图 4-6-72 图 4-6-73

将时间指针调整到第 100 帧以后的任意位置，为 4 个水箱内部都创建一个 OC 区域光，调整层级关系如图 4-6-74 所示，这个灯光只需要作为子级跟随父级运动。

步骤 9 调整添加到水箱内部的 OC 区域光的"功率"参数为 12，大小、位置如图 4-6-75 所示。

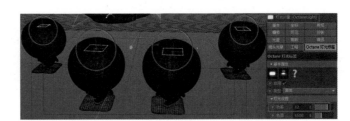

图 4-6-74 图 4-6-75

4.6.8 设置镜头 3 的灯光布局

镜头 3 和镜头 2 一样，可以直接使用镜头 1 的灯光布局，场景中的对象材质也可以使用镜头 1 中创建好的材质，步骤 1～步骤 3 与上一小节相同，将"镜头 1"文件中的灯光、天空对象和材质球复制粘贴到镜头 3 中，如图 4-6-76、图 4-6-77 所示。为镜头 3 场景中的对象赋予材质，如图 4-6-78 所示。

扫码观看视频

图 4-6-76 图 4-6-77 图 4-6-78

步骤 1 镜头 3 中的加湿器是漂浮在半空的，沿 y 轴方向向下适当移动调整"L 形背景"的位置，使渲染时不会在加湿器下方看到地面和投影，如图 4-6-79 所示。

　　步骤 2　适当调整地面材质的明度。当前场景中只有一个白色背景，背景的明暗通过改变背景材质来调整，如图 4-6-80 所示。适当调整其他灯光的参数和照射角度，最终调整的效果如图 4-6-81 所示。

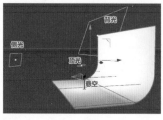

图 4-6-79　　　　　　　　　　　图 4-6-80　　　　　　　　　　　图 4-6-81

4.6.9　设置镜头 4 的灯光布局

扫码观看视频

　　镜头 4 和镜头 2 一样，可以直接使用镜头 1 的灯光布局，场景中的对象材质也可以使用镜头 1 中创建好的材质。步骤 1 ~ 步骤 3 与 4.6.8 小节相同，将"镜头 1"文件中的灯光、天空对象和材质球复制粘贴到镜头 4 中，如图 4-6-82 和图 4-6-83 所示。为镜头 4 场景中的对象赋予材质，如图 4-6-84 所示。

从"镜头 1"文件的对象列表中复制过来

从"镜头 1"文件的材质窗口中复制过来

图 4-6-82　　　　　　　　　　　图 4-6-83　　　　　　　　　　　图 4-6-84

　　镜头 4 是特写镜头，灯光的整体强度要比全景镜头的弱些。

　　步骤 1　适当减小天空环境的功率。在对象列表中单击"OctaneSky"对象的标签，在属性面板中修改"Octane 环境标签 [Octane 环境标签] > 主要 > 功率"参数为 0.6（参考值），如图 4-6-85 所示。

　　步骤 2　适当减小侧光的功率。在属性面板中修改"灯光对象 [侧光] > Octane 灯光标签 > 灯光设置 > 功率"参数为 30（参考值）。

　　在侧光的照射下，圆形开关的投影特别明显，有点破坏画面，如图 4-6-86 所示，可以将"投影阴影"取消勾选，如图 4-6-87 所示，使侧光不产生投影。

图 4-6-85　　　　　　　　　　　图 4-6-86　　　　　　　　　　　图 4-6-87

步骤3 调整顶光位置。主机左上方较暗，把顶光移到"主机"对象上方，在透视图窗口菜单栏中单击"摄像机 > 设置活动对象为摄像机"，调整照射角度，如图4-6-88所示。

在对象列表中单击"顶光"对象，适当调整顶光的功率。

步骤4 最终调整的效果如图4-6-89和图4-6-90所示。

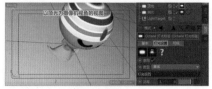
图 4-6-88

图 4-6-89

图 4-6-90

4.7 任务 5：渲染与合成

通过本任务的制作与学习，读者可以解锁以下技能点。

解锁技能点	
OC 输出渲染设置	Ae AE 合成

本任务将介绍使用 OC 渲染输出的设置和在 AE 中合成镜头。

4.7.1 渲染输出

步骤1 设置 OC 渲染器。单击"工具栏 > 编辑渲染设置"工具，在渲染器下拉菜单中选择"Octane Renderer"，如图4-7-1所示，在右侧面板中修改"渲染通道 > 启用"为勾选状态。

步骤2 单击"输出"，设置预设尺寸、帧频如图4-7-2所示。1920×1080是全高清尺寸，也可以根据需要设置为1280×720高清尺寸。

将镜头1的"帧范围"设置为"手动"，先渲染第0～600帧，"螺纹接口"对象使用橘色塑料材质，再渲染第601～650帧，"螺纹接口"对象使用桃红塑料材质，如图4-7-2所示。

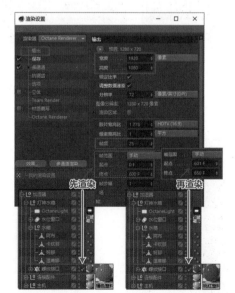

图 4-7-1　　　　　　　　　　　　　图 4-7-2

将镜头2、镜头3和镜头4的"帧范围"设置为"全部帧"，如图4-7-3所示。

步骤3 单击"保存"，设置渲染文件保存路径设置"格式"为"PNG"（PNG 序列图），"深度"

为"16 位 / 通道"，如图 4-7-4 所示。关闭渲染设置面板。

由于本项目有 4 个镜头，建议将每个镜头渲染的序列图使用单独文件夹保存，如图 4-7-5 所示。

步骤 4 进行 Octane 渲染设置。在 Octane 工具条中单击■，弹出 Octane 设置面板。增大"核心 > 最大采样"参数值，如图 4-7-6 所示。本项目建议设置为 2500 或以上，透明材质和投影可以渲染出比较细腻的效果。

步骤 5 单击"工具栏 > 渲染到图片查看器"工具■，进行渲染。

图 4-7-3　　　　　　　　　图 4-7-4　　　　　　　　图 4-7-5　　　　　图 4-7-6

4.7.2　成片后期合成

本项目后期合成需要用到的图案、标题、广告语等素材，已经在 AE 中完成了一部分动态效果的制作，现在需要将 4 个镜头的渲染文件导入 AE，与素材进行合成。

步骤 1 打开 AE，在菜单栏中单击"文件 > 打开项目"，打开项目 4"后期合成"文件夹"神灯加湿器后期素材（已有动态）"文件，如图 4-7-7 所示，该文件链接的原始素材是"静态 .psd"文件。

另外文件夹中也有"后期合成素材序列图"作为备用，它是需要合成的素材的动态序列图文件。

"神灯加湿器后期素材（已有动态）"文件的项目面板上已经有一个合成和素材文件夹，如图 4-7-8 所示。

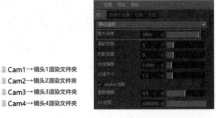

图 4-7-7

时间轴上已经有 3 个合成和一个图层，如图 4-7-9 所示。3 个合成分别是配合 3 个镜头的动态素材，最顶层的图层文件是一个色调调整图层，该图层已为锁定状态，以防影响操作。

图 4-7-8　　　　　　　　　　　　　　　　　　　图 4-7-9

步骤 2 在菜单栏中单击"编辑 > 首选项 > 导入"，如图 4-7-10 所示，设置导入文件的帧频为 25 帧 / 秒，如图 4-7-11 所示。

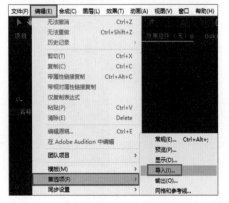

图 4-7-10　　　　　　　　　　　　　　　　　图 4-7-11

步骤 3 双击项目面板，如图 4-7-12 所示，选择"镜头 1"的渲染文件夹，选中第一张序列图，勾选"PNG 序列"，单击"导入"。

再分别导入镜头 2、镜头 3、镜头 4 的渲染序列图。

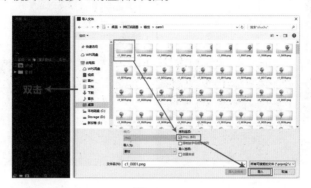

图 4-7-12

步骤 4 将镜头 1、镜头 2 和镜头 3 的渲染文件从项目面板拖到时间轴上，时间先后顺序如图 4-7-13 所示。

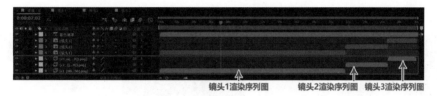

图 4-7-13

步骤 5 将镜头 4 的渲染文件从项目面板拖到时间轴上，其在时间轴上的位置如图 4-7-14 所示，使其在时间上刚好配合"纳米级细腻雾化，无极雾量调控"广告语的出现。

图 4-7-14

步骤 6 为镜头 4 图层创建圆形蒙版。在时间轴上单击选中镜头 4 图层，使其高亮显示，按住工具箱中的矩形工具，打开其下拉菜单，单击选择椭圆工具，如图 4-7-15 ①②所示。

按住 Shift 键的同时，在视图窗口中拖曳绘制一个正圆，此时图层的圆形蒙版已经创建，如图 4-7-15 ③所示。

在图层中单击蒙版，当图层的蒙版处于被选中的状态时，使用移动工具拖曳蒙版，可以改变蒙版的位置，如图 4-7-16 所示。

按住 Shift 键的同时拖曳蒙版 4 个角处的小红方块，可以等比改变蒙版的大小，如图 4-7-17 所示。

图 4-7-15

图 4-7-16

步骤 7 选中图层，如图 4-7-18 所示，使用移动工具 ▶ 拖曳图层，可以改变整个图层的位置（包括蒙版）；按住 Shift 键的同时拖曳图层 4 个角处的小红方块，可以等比改变图层的大小。在图层中单击"变换"，通过位置和缩放来改变图层的位置和大小。

图 4-7-17

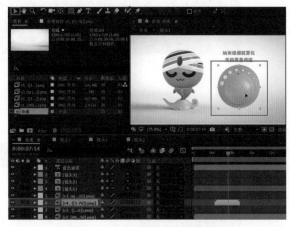

图 4-7-18

步骤 8 设定镜头 4 素材（雾量开关演示）的淡入淡出动画。单击该图层，按快捷键"I"到图层的入点，单击"变换"，修改"不透明度"参数为 0%，单击"不透明度"的码表 ⏱ 添加一个关键帧，如图 4-7-19 所示。

将时间指示器往后移 15 帧，修改"不透明度"参数为 100%，单击"不透明度"的码表 ⏱ 添加一个关键帧，如图 4-7-20 所示。

图 4-7-19

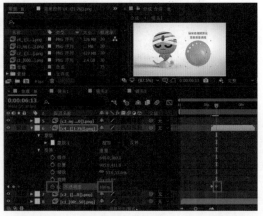

图 4-7-20

单击图层入点的关键帧，按组合键"Ctrl+C"执行复制命令，按快捷键"O"到图层的出点，按组合键"Ctrl+V"执行粘贴命令，粘贴关键帧；将时间指示器往前移15帧，单击第二个关键帧，按组合键"Ctrl+C"执行复制命令，按组合键"Ctrl+V"执行粘贴命令，粘贴关键帧，如图4-7-21所示。

步骤9　在AE中输出成片，具体操作方法参考项目2中第2.6.2小节的步骤4～步骤6。

图4-7-21

4.8　小结

扫码观看视频

本项目在建模方面主要深入讲解了多边形模型的编辑技巧（点模式建模、边模式建模、多边形建模），初步讲解了克隆对象与步幅效果器的配合使用。

动画方面主要讲解了复杂的父子级配合动画，需要理解多镜头动画的文件安排。

材质方面主要讲解了UV贴图的制作，以及OC漫射材质、OC光泽材质、OC玻璃材质、OC自发光材质的制作。

灯光环境方面主要讲解了OC区域光的运用，以及OC HDRI环境的使用。

最后讲解了OC输出渲染设置和C4D输出的渲染序列图在AE中与素材的合成。

4.9　课后拓展

本项目的镜头1在展示加湿器背面的水箱窗口时，如果水箱里面有水位变化的动画，那么动画的细节会更丰富。尝试制作水箱窗口里的水位从多变少的动画，如图4-9-1所示。

图4-9-1

小提示

（1）创建一个与加湿器水箱大小相仿的球体，置于水箱内，创建一个立方体，创建一个"布尔"对象使立方体修剪球体，如图4-9-2所示。

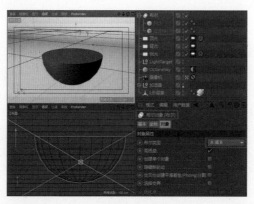

图4-9-2

将"布尔"对象作为"加湿器>灯神水箱"的子级。形成水箱内的水位效果，如图4-9-3所示。

图4-9-3

（2）创建立方体从上至下的动画，如图4-9-4所示，即可形成水位的变化动画。

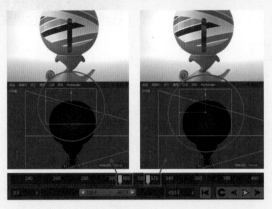

图4-9-4

（3）为"布尔"对象添加OC玻璃材质。

5.1 项目描述

扫码观看视频

项目 5 为制作烘焙屋广告片。这是一个烘焙屋的形象宣传广告片，旨在通过广告与消费者进行深层的交流，提高企业的知名度和美誉度，时长 20 秒。本项目将根据工作流程详细讲解整个广告动画的制作过程，从单个模型制作到克隆对象动画制作，从 OC 灯光材质设置到渲染设置，为读者完整剖析项目制作技巧，如图 5-1-1 所示。

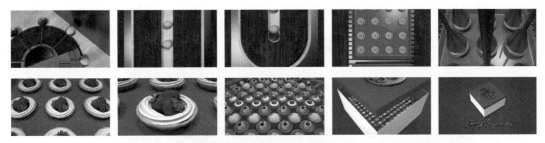

图 5-1-1

5.2 技能概述

通过本项目的制作与学习，读者可以解锁以下技能点。

建模	动画	灯光材质
锥化变形器	扫描生长动画	OC 金属材质
螺旋变形器	克隆动画	OC 木纹材质
FFD 变形器	简易效果器	OC 布料材质
置换变形器	延迟效果器	OC 大理石材质
旋转功能	运动图形烘焙	OC 凹凸材质
减面功能		OC 置换材质
		OC 透明通道材质
		OC 渐变色材质
		Octane 材质编辑器

5.3 任务 1：甜点模型的制作

通过本任务的制作与学习，读者可以解锁以下技能点。

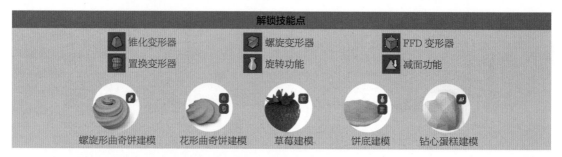

解锁技能点

锥化变形器　　　　螺旋变形器　　　　FFD变形器

置换变形器　　　　旋转功能　　　　减面功能

螺旋形曲奇饼建模　花形曲奇饼建模　草莓建模　饼底建模　钻心蛋糕建模

本任务主要完成曲奇饼、草莓塔和钻心蛋糕的模型制作。

5.3.1　螺旋形曲奇饼模型的制作

制作螺旋形曲奇饼模型，如图5-3-1所示。

步骤1　新建空白场景并保存文件，在该场景中完成"螺旋形曲奇饼"模型的制作。单击"文件>新建"，再单击"文件>保存"，保存名为"螺旋形曲奇饼"的C4D文件。

步骤2　单击"工具栏>星形"工具☆，如图5-3-2所示，创建一个"星形"，修改属性面板中的"星形对象[星形]>对象>内部半径"参数为12cm，"外部半径"参数为18cm，"点"参数为8，"平面"参数为XY，如图5-3-3所示。

图5-3-1

步骤3　单击"工具栏>螺旋"工具▧，如图5-3-4所示，创建一个"螺旋"，修改属性面板中的"螺旋对象[螺旋]>对象"参数如图5-3-5所示，这个"螺旋"对象的属性会直接影响曲奇饼的外形。

图5-3-2　　　　　　　　　　图5-3-3　　　　　　　　　　图5-3-4

步骤4　单击"工具栏>扫描"工具▱，如图5-3-6所示，对象列表中会出现"扫描"对象，在对象列表里把步骤2、步骤3创建的"星形"对象和"螺旋"对象拖曳到"扫描"对象上，作为"扫描"对象的子级，如图5-3-7所示。注意两个子级对象的层级关系，"螺旋"对象在"星形"对象的下层。

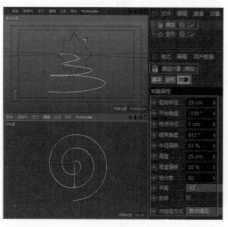

图5-3-6

图5-3-5　　　　　　　　　　　　　　　图5-3-7

步骤5　单击"工具栏>细分曲面"工具▨，对象列表中会出现"细分曲面"对象，在对象列表里把"扫描"对象拖曳到"细分曲面"上，作为"细分曲面"的子级，如图5-3-8所示。先添加细分曲面，是为了更好地调整曲奇饼的螺旋造型。

步骤6 在对象列表中单击"扫描"对象，如图5-3-9所示。修改属性面板中的"扫描对象［扫描］>对象>网格细分"参数为2，"终点缩放"参数为80%。

调整"细节"下的"缩放"和"旋转"曲线如图5-3-9所示，使"扫描"对象的两头比较小，具有一定的旋转变化。

步骤7 在对象列表中双击"细分曲面"，将其重命名为"螺旋形曲奇"，如图5-3-10所示。

图 5-3-8

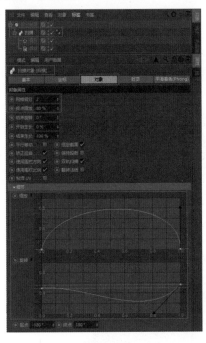

图 5-3-9

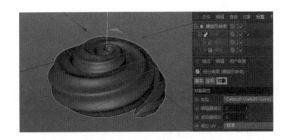

图 5-3-10

5.3.2 花形曲奇饼模型的制作

制作花形曲奇饼模型，如图 5-3-11 所示。

步骤1 新建空白场景并保存文件，在该场景中完成"花形曲奇饼"模型的制作。保存名为"花形曲奇饼"的 C4D 文件。

扫码观看视频

步骤2 单击"工具栏>星形"工具☆，创建一个"星形"，修改属性面板中的"星形对象［星形］>对象>内部半径"参数为20cm，"外部半径"参数为30cm，"点"参数为8，"平面"参数为XZ，如图5-3-12所示。

步骤3 单击"工具栏>挤压"工具🗔，如图5-3-13所示。在对象列表中将步骤2创建的"星形"对象拖曳在"挤压"对象上，作为"挤压"的子级，如图5-3-14所示。

图 5-3-11

图 5-3-12

图 5-3-13

在对象列表中单击"挤压"，在属性面板中按住Shift键单击"对象"和"封顶"，修改"拉伸对象［挤压］>对象属性>移动"参数为0cm、25cm、0cm，"细分数"参数为4，修改"封顶圆角>顶端"为"圆角封顶"，"步幅"参数为2，"半径"参数为5cm，勾选"创建单一对象"，如图5-3-14所示。顶端使用圆角封顶，可以使造型下部呈圆角封顶状，使曲奇饼模型的底部不会太锐利。

步骤4 单击"工具栏>锥化"变形器，如图5-3-15所示。在对象列表中将"锥化"变形器拖曳到"星形"对象下层，作为"挤压"的第二子级，如图5-3-16所示。变形器只能对父级产生作用。

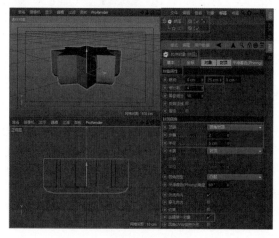

图 5-3-14 　　　　　　　　　　　　　　　　　　图 5-3-15

在对象列表中单击"锥化"，在属性面板的"锥化对象［锥化］>对象"选项卡中单击"匹配到父级"，先设定锥化的范围，单击"匹配到父级"后，锥化范围与父级一致；修改"强度"参数为100%，"弯曲"参数为150%，如图5-3-16所示。

步骤5 单击"工具栏>螺旋"变形器，如图5-3-17所示。

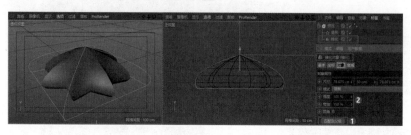

图 5-3-16 　　　　　　　　　　　　　　　　　　图 5-3-17

在对象列表中将"锥化"变形器也拖曳到"锥化"对象下层，作为挤压的第三子级，如图5-3-18所示。

在对象列表中单击"螺旋"，在属性面板的"螺旋对象［螺旋］>对象"选项卡中单击"匹配到父级"，先设定螺旋的范围，单击"匹配到父级"后，锥化范围与父级一致；修改"角度"参数为120。如图5-3-18所示。

步骤6 单击"工具栏>细分曲面"工具，在对象列表里把"挤压"对象拖曳到"细分曲面"上，作为"细分曲面"的子级，如图5-3-19所示。

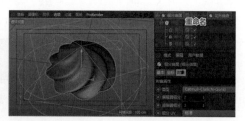

图 5-3-18 　　　　　　　　　　　　　　　　　　图 5-3-19

在对象列表中双击"细分曲面"，将其重命名为"花形曲奇"。

步骤7 在镜头3中，花形曲奇是和螺旋形曲奇一起使用的，如图5-3-20所示。新建空白场景并保存名为"曲奇组合"的 C4D 文件，在该场景中完成"曲奇组合"模型的制作。

步骤 8　把花形曲奇和螺旋形曲奇模型复制粘贴到当前场景，排列顺序如图 5-3-21 所示，图右侧的参数是每个曲奇模型的坐标参数，仅供参考。

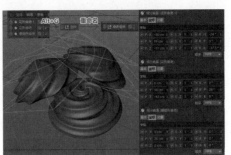

图 5-3-20　　　　　　　　　　　　　　　　图 5-3-21

步骤 9　在对象列表中按住 Ctrl 键的同时选中 3 个曲奇模型对象，按组合键"Alt+G"将它们编组为"空白"对象，双击"空白"对象，将其重命名为"曲奇组合"，如图 5-3-21 所示。

5.3.3　草莓模型的制作

甜点模型中有草莓塔，先制作草莓模型，如图 5-3-22 所示。

步骤 1　新建空白场景并保存名为"草莓塔"的 C4D 文件，在该场景中完成草莓和草莓塔模型的制作。

步骤 2　单击"工具栏 > 球体"工具 ，创建一个球体，修改属性面板中的"球体对象［球体］>对象 > 半径"参数为 42cm，"分段"参数为 24，如图 5-3-23 所示。

步骤 3　单击"工具栏 >FFD"变形器 ，如图 5-3-24 所示。"FFD"变形器通过控制 FFD 上的点来调整父级对象的外形，达到用晶格控制对象变形的目的。

图 5-3-22　　　　　　　　　图 5-3-23　　　　　　　　　图 5-3-24

在对象列表中将"FFD"变形器也拖曳到"球体"对象上，作为"球体"的子级，如图 5-3-25 所示。

在对象列表中单击"FFD"，在属性面板的"FFD 对象［FFD］>对象"选项卡中单击"匹配到父级"，设定 FFD 的控制范围与其父级一致。

步骤 4　控制 FFD 上的点，将球体调整为草莓外形。在对象列表中单击"FFD"，单击"编辑模式工具栏 > 点模式"工具 ，单击"工具栏 > 框选"工具 ，在正、左或右视图中框选 FFD 底部的 9 个点，如图 5-3-26 所示。

图 5-3-25　　　　　　　　　　　　　　　　图 5-3-26

单击"工具栏 > 缩放"工具 ，缩小已选的 9 个点，如图 5-3-27 所示，使球体底部稍尖一些。

扫码观看视频

框选 FFD 中部的 9 个点，适当放大，如图 5-3-28 所示。

图 5-3-27　　　　　　　　　　　　　　　　　图 5-3-28

将 FFD 顶部中间的点下移，顶部四周的 8 个点上移，如图 5-3-29 所示，使球体顶部中间稍稍凹陷。

步骤 5　现在草莓的造型基本已经完成，但是形状太规整，不够自然。单击"工具栏 > 置换"变形器，如图 5-3-30 所示。"置换"变形器的基本原理是利用图像中的灰度参数对应模型表面的高度参数，来生成父级对象的外形，如图 5-3-31 所示。

图 5-3-29　　　　　　　　　　　　　　　　　图 5-3-30

在对象列表中将"置换"变形器也拖曳到"球体"对象上，作为"球体"的子级，如图 5-3-32 所示。注意两个子级之间的上下关系，"FFD"在上，"置换"在下，子级的上下关系会影响模型的生成效果。

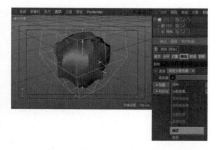

图 5-3-31　　　　　　　　　　　　　　　　　图 5-3-32

在对象列表中单击"置换"，单击属性面板中"置换［置换］> 着色 > 着色器"右侧的小三角，调出下拉菜单，单击下拉菜单中的"噪波"，如图 5-3-32 所示。此时模型会受噪波的置换影响，表面产生很多凹凸，现在凹凸太密集，需要进一步调整。单击"噪波"进入噪波的属性面板，如图 5-3-33 所示，修改"噪波着色器［噪波］> 种子"参数为 665，"全局缩放"参数为 597%。

这里给出的两个参数仅供参考，"种子"参数为噪波图像中的灰度分布，"全局缩放"参数为噪波图像的尺寸，超过 100% 就是将图像放大。调整这两个参数，可以得到不同的模型效果。

最终调整球体造型，如图 5-3-34 所示。

步骤 6　在对象列表中双击"球体"对象，将其重命名为"草莓果"，如图 5-3-35 所示。

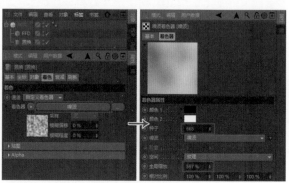

图 5-3-33

步骤7 导入草莓蒂模型。草莓蒂模型使用素材文件制作,打开项目5"素材"文件夹"草莓蒂"文件,在对象列表中选中"草莓蒂"的整个模型,按组合键"Ctrl+C"执行复制命令;单击"窗口",选择当前场景文件,按组合键"Ctrl+V"执行粘贴命令将"草莓蒂"模型粘贴到当前场景,如图5-3-36所示,适当调整"草莓蒂"模型的大小和位置。

步骤8 在对象列表中框选"草莓蒂"和"草莓果"对象,按组合键"Alt+G"将它们编组为"空白"对象,双击"空白"对象,将其重名为"草莓",如图5-3-37所示。

图 5-3-34

图 5-3-35

图 5-3-36

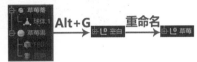
图 5-3-37

此场景中还需要创建其他模型,可在对象列表中先隐藏"草莓"对象。

扫码观看视频

5.3.4 草莓塔模型的制作

制作草莓塔模型,如图5-3-38所示。草莓塔由3个部分组成:草莓、饼底、奶油,如图5-3-39所示。在已经制作了草莓模型的文件中继续完成饼底和奶油的模型制作。

图 5-3-38

图 5-3-39

步骤1 完成饼底模型的基本形制作,如图5-3-40所示。

单击"工具栏 > 画笔"工具 ，在正视图中绘制饼底截面的二维样条,如图5-3-41所示。画笔工具的使用方法可参考项目2中第2.3.1小节的步骤4和第2.3.2小节的步骤4。注意样条的一边节点要紧贴 x 轴和 z 轴的0坐标。

步骤2 单击"工具栏 > 旋转"工具 ，如图5-3-42所示。

图 5-3-40

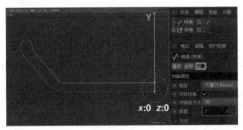
图 5-3-41

图 5-3-42

在对象列表里把"样条"对象拖曳到"旋转"对象上,作为"旋转"的子级,如图5-3-43所示。

步骤3 单击"工具栏 > 细分曲面"工具 ，在对象列表中把"旋转"对象拖曳到"细分曲面"上,作为"细分曲面"的子级,如图5-3-44所示。

"旋转"属性中的"细分数"可以解决模型表面细分的问题,但在本项目中为了配合接下来的步骤,使用"细分曲面"来细分。

步骤4 饼底的基本形已经完成,但造型太规整,需要添加一些凹凸变化。单击"工具栏 > 置换"变形器 ，在对象列表中将"置换"变形器拖曳到 "细分曲面"对象上,作为子级,并置于"旋转"对象的下层。单击属性面板中"置换 [置换] > 着色 > 着色器"右侧的小三角,调出下拉菜单,单击下拉菜单中的"噪波",单击"噪波"进入噪波的属性面板,如图5-3-45所示,修改"噪波着色器 [噪波] > 着色器 > 种子"参数为670,"全局缩放"参数为300%。修改"置换 [置换] > 对象 > 高度"参数为5cm,使饼底的造型如图5-3-45

右上图所示。这里的置换参数值为参考值，同样的效果，置换参数会因父级对象的尺寸不同而有差异。

图 5-3-43

图 5-3-44

步骤 5 将"细分曲面"对象重命名为"饼底"，如图 5-3-46 所示。

步骤 6 完成奶油模型的基本形制作，如图 5-3-47 所示。

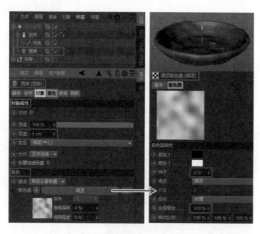

图 5-3-45

图 5-3-46

图 5-3-47

奶油模型和螺旋形曲奇饼模型的制作步骤相同，使用"扫描"工具制作，将"星形"和"螺旋"样条作为子级。"扫描""星形"和"螺旋"对象的参数如图 5-3-48 所示。

步骤 7 奶油的基本形已经完成，添加"置换"变形器使其外形不要太规整。"置换"不要直接作为"扫描"的子级，先单击"扫描"对象，按组合键"Allt+G"为其增加一个父级"空白"对象。再单击"工具栏 > 置换"变形器▧，在对象列表中将"置换"变形器拖曳到"空白"对象上，作为子级，参数设置如图 5-3-49 所示，操作方法可参考步骤 4。

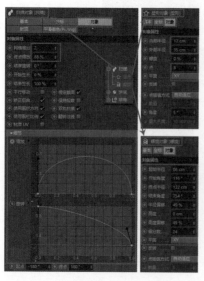
图 5-3-48

图 5-3-49

步骤8 单击"工具栏 > 细分曲面"工具，在对象列表中把"空白"对象拖曳到"细分曲面"对象上，作为子级，在对象列表中双击"细分曲面"，将其重命名为"奶油"，如图 5-3-50 所示。

步骤9 将"草莓"对象复制出两个副本，调整位置，如图 5-3-51 所示，选中 3 个草莓对象按组合键"Alt+G"将它们编组为"空白"，再将其重命名为"草莓"；将"草莓""奶油""饼底"3 个对象编组并重命名为"草莓塔"，如图 5-3-52 所示。

  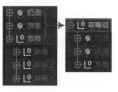

图 5-3-50　　　　　　　　　　　　图 5-3-51　　　　　　　　　　　　图 5-3-52

5.3.5　钻心蛋糕模型的制作

扫码观看视频

制作钻心蛋糕模型，如图 5-3-53 所示。这是一个减面风格的造型。

步骤1 钻心蛋糕的基本模型使用素材文件制作，打开项目 5"素材"文件夹中的"心形"文件，场景中已经有一个球体可编辑对象，并被编辑成了心形多边形模型。

在对象列表中单击"球体"的"平滑标签"，如图 5-3-54 所示，修改属性面板中的"平滑标签 [平滑着色（Phong）] > 标签 > 平滑着色（Phong）角度"参数为 0°。

模型一般都默认是平滑着色的效果，但由于减面风格的模型需要棱面分明，因此不需要平滑着色。这个步骤必须先做，所有的操作完成后再做可能会导致操作失效。

步骤2 单击"工具栏 > 细分曲面"工具，在对象列表里把"球体"对象拖曳到"细分曲面"对象上，作为子级，如图 5-3-55 所示。在属性面板中修改"细分曲面 [细分曲面] > 对象 > 编辑器细分"参数为 2，"渲染器细分"参数为 2。

 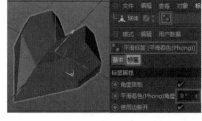 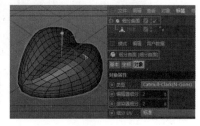

图 5-3-53　　　　　　　　　　　图 5-3-54　　　　　　　　　　　图 5-3-55

步骤3 单击"工具栏 > 减面"工具，在对象列表里把"细分曲面"对象拖曳到"减面"对象上，作为子级，在属性面板中修改"减面生成器 [减面] > 对象 > 减面强度"参数为 92%，如图 5-3-56 所示。最终效果如图 5-3-57 所示。

 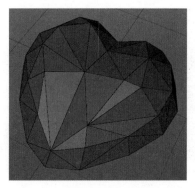

图 5-3-56　　　　　　　　　　　　　图 5-3-57

5.4 任务2：动画的制作

通过本任务的制作与学习，读者可以解锁以下技能点。

解锁技能点				
扫描生长动画	克隆动画	简易效果器	延迟效果器	运动图形烘焙

烘焙屋广告片分镜如表5-4-1所示，本任务将完成两个动画文件的制作——镜头2、镜头3动画，镜头1动画使用素材制作。

表5-4-1 烘焙屋广告片分镜

镜号	画面	内容	时间
1		鸡蛋和柠檬分别从洞口落到转盘上	2秒
2		镜头跟拍鸡蛋、柠檬下移，鸡蛋和柠檬滚入洞口	8秒
		镜头下移，曲奇饼分别挤出到烤盘上	
		镜头下移，奶油分别挤出到饼底上	
		投放机器落下再升起，草莓出现在奶油上	
3		拉镜头，阵列的甜点不断从中心往外翻转；随着镜头不断后退，带标志的盒子逐渐出现，烘焙屋名称"purple queen"以书写方式出现	10秒

5.4.1 制作镜头2的动画——挤出曲奇饼

完成镜头2中摄像机移镜到第一个烤盘时，在烤盘上挤出16个曲奇饼的动画（第70～125帧），如图5-4-1所示。

步骤1 镜头2的场景模型使用素材文件制作，打开项目5"素材＞镜头文件"文件

扫码观看视频

夹中的"烘焙屋镜头2"文件,场景中已经创建了甜点设备模型、灯光和摄像机,鸡蛋和柠檬滚入洞口(第1~60帧)的动画已完成,摄像机的位移动画也已完成。视图窗口左上方为摄像机视图。

步骤2 将5.3.1小节制作的"螺旋形曲奇"模型复制粘贴到当前的"烘焙屋镜头2"场景中,如图5-4-2所示。

图 5-4-1   图 5-4-2

步骤3 在时间线上将时间指针█拖曳到第100帧,方便观察摄像机移镜到第一个烤盘时的摄像机视图。

在菜单栏中单击"运动图形 > 克隆" ⚙ ,如图5-4-3所示,对象列表中会出现"克隆"对象,在对象列表里把"螺旋形曲奇"对象拖曳到"克隆"对象上,作为子级;在对象列表中选择"克隆"对象,修改属性面板中的"克隆对象[克隆] > 对象 > 模式"为"网格排列","数量"参数为4、1、4,"尺寸"参数为900cm、0cm、900cm,如图5-4-4所示。

 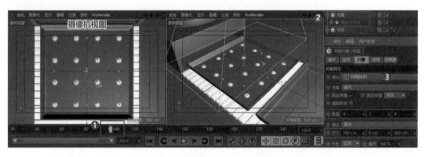

图 5-4-3   图 5-4-4

步骤4 在对象列表中单击"螺旋形曲奇"对象,单击"工具栏 > 缩放"工具█,适当调整曲奇的尺寸,如图5-4-5所示。

子级对象之间的间距通过父级"克隆"的"尺寸"参数控制。子级对象的位置受父级约束,如果需要调整所有曲奇在烤盘上的位置,可以在对象列表中单击"克隆",单击"工具栏 > 移动"工具✥,移动调整"克隆"对象的位置,如图5-4-6所示。

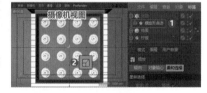

图 5-4-5

图 5-4-6

步骤5 在对象列表中双击"克隆"对象,将其重命名为"曲奇饼"。

步骤6 在时间线上将时间指针拖曳到第125帧,在对象列表中单击"曲奇饼 > 螺旋形曲奇 > 扫描"对象,在属性面板中选择"对象"选项,单击"细节 > 缩放"左侧的灰色按钮,使其变为红色◉,在第125帧生成关键帧,如图5-4-7所示。

图 5-4-7

在时间线上将时间指针拖曳到第 70 帧，将"缩放"曲线 1.0 处的节点移到 0.0 处，单击"缩放"左侧的灰色按钮，使其变为红色 ，在第 70 帧生成关键帧，播放动画测试效果，如图 5-4-8 所示。

图 5-4-8

5.4.2　制作镜头 2 的动画——挤出奶油

完成摄像机移镜到第二个烤盘时，在烤盘上的 9 个饼底中挤上奶油的动画（第 120 ~ 160 帧），如图 5-4-9 所示。

步骤 1　将 5.3.4 小节制作的"草莓塔"模型复制粘贴到当前场景中，如图 5-4-10 所示。

图 5-4-9

图 5-4-10

步骤 2　在时间线上将时间指针 拖曳到第 140 帧，方便观察摄像机移镜到第二个烤盘时的摄像机视图。在菜单栏中单击"运动图形 > 克隆" ，在对象列表里把"草莓塔"对象拖曳到"克隆"对象上，作为子级；修改属性面板中的"克隆对象 [克隆] > 对象 > 模式"为"网格排列"，"数量"参数为 3、1、

3，"尺寸"参数为750cm、0cm、750cm；单击"工具栏 > 移动"工具 ✛，移动调整"克隆"对象的位置，如图5-4-11所示。

步骤3　在对象列表中双击"克隆"对象，将其重命名为"草莓塔"。

步骤4　在时间线上将时间指针 ▮ 拖曳到第160帧，单击对象列表中的"草莓塔 > 草莓塔 > 奶油 > 空白 > 扫描"，如图5-4-12所示；在属性面板中选择"对象"选项，单击"细节 > 缩放"左侧的灰色按钮，使其变为红色 ◉，在第160帧生成关键帧；在时间线上将时间指针拖曳到第120帧，将"缩放"曲线1.0处的节点移到0.0处，单击"缩放"左侧的灰色按钮，使其变为红色 ◉，在第120帧生成关键帧，播放动画测试效果，如图5-4-13所示。

图5-4-12

图5-4-13

5.4.3　制作镜头2的动画——投放草莓

完成草莓塔中的草莓在第176帧出现的动画，如图5-4-14所示。

图5-4-14

在时间线上将时间指针 ▮ 拖曳到第176帧，此时草莓投放器刚好落下，单击对象列表中的"草莓塔 > 草莓塔 > 草莓"，在属性面板中选择"基本"选项，单击"编辑器可见"和"渲染器可见"左侧的灰色按钮，使其变为红色 ◉，在第176帧生成关键帧，如图5-4-15所示。

在时间线上将时间指针 ▮ 拖曳到第175帧，选择"编辑器可见"和"渲染器可见"为"关闭"，单击左侧的灰色按钮，使其变为红色 ◉，在第175帧生成关键帧，如图5-4-16所示。

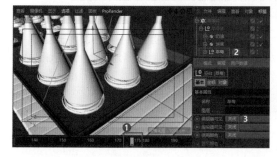

图5-4-15

图5-4-16

5.4.4 制作镜头 3 的动画——拼合蛋糕盒

完成镜头 3 中第 75 ~ 100 帧，盒身四面翻起，组成盒子的动画，如图 5-4-17 所示。

步骤 1 镜头 3 的场景模型使用素材文件制作，打开项目 5 "素材 > 镜头文件" 文件夹中的 "烘焙屋镜头 3" 文件，场景中已经完成了盒盖、一面盒身、碟子的模型，盒盖下移（第 109 ~ 135 帧）的动画已完成，摄像机的拉镜头动画也已完成。视图左上方为摄像机视图。

步骤 2 使用盒身立面拼出盒子。在对象列表中找到对象 "蛋糕盒 > 蛋糕盒身 > 盒身立面"，如图 5-4-18 所示。

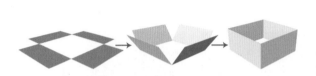

图 5-4-17　　　　　　　　　　　　　　图 5-4-18

步骤 3 在时间线上将时间指针拖曳到第 100 帧，方便观察。在菜单栏中单击 "运动图形 > 克隆"，在对象列表里把 "克隆对象" 拖曳到 "蛋糕盒 > 蛋糕盒身" 上作为子级，将 "盒身立面" 对象拖曳到 "克隆" 对象上作为子级，如图 5-4-19 所示；修改属性面板中的 "克隆对象 [克隆] > 对象 > 模式" 为 "放射"，"数量" 参数为 4，"半径" 参数为 1395cm，"平面" 参数为 XZ。

步骤 4 完成 4 个盒身立面翻起的动画。在对象列表中单击 "克隆" 对象后，再在菜单栏中单击 "运动图形 > 效果器 > 简易"，如图 5-4-20 所示，"克隆对象 [克隆] > 效果器 > 效果器" 右侧的框里会出现 "简易" 效果器，如图 5-4-21 所示。

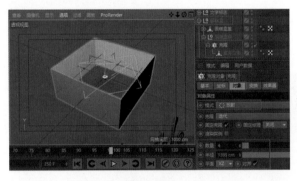

图 5-4-19　　　　　　　　　　　　　　图 5-4-20

单击 "简易" 对象，修改属性面板中的 "简易 [简易] > 参数 > 位置 >P.Y" 为 -556，勾选 "旋转"，修改 "R.P" 参数为 -90°，如图 5-4-22 所示。

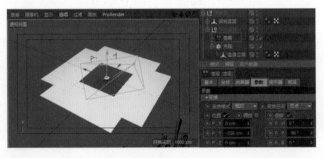

图 5-4-21　　　　　　　　　　　　　　图 5-4-22

步骤 5 现在立面的轴心还在其自身中心，需要把轴心修改为对齐至下侧边，以配合动画的旋转效果，如图 5-4-23 所示。

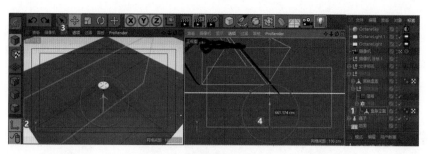

图 5-4-23

步骤 6　在时间线上将时间指针 ▮ 拖曳到第 75 帧，单击"简易"对象，在属性面板中单击"简易［简易］> 参数 > 旋转 >R.P"左侧的灰色按钮，使其变为红色 ◉，在第 75 帧生成关键帧，如图 5-4-24 所示。

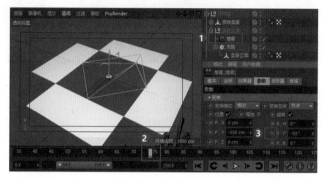

图 5-4-24

在时间线上将时间指针 ▮ 拖曳到第 100 帧，单击"简易"对象，修改属性面板中的单击"简易［简易］> 参数 > 旋转 >R.P"参数为 0。单击左侧的灰色按钮，使其变为红色 ◉，在第 100 帧生成关键帧，如图 5-4-25 所示，播放动画测试效果。

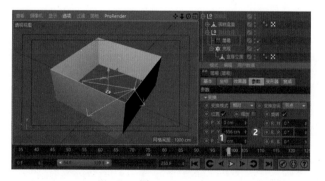

图 5-4-25

5.4.5　制作镜头 3 的动画——展示不同品种的甜品

完成甜点不断从中心往外翻转的动画，如图 5-4-26 所示。

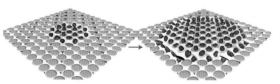
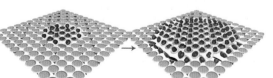

图 5-4-26

扫码观看视频

因为甜点是放在碟子里翻转出来的，所以先完成所有碟子不断从中心往外，由碟底翻转至碟面的动画。

步骤1 在菜单栏中单击"运动图形 > 克隆" ，在对象列表里将"碟子"对象拖曳到"克隆"对象上，作为子级；修改属性面板中的"克隆对象［克隆］> 对象 > 模式"为"网格排列"，"数量"参数为13、1、13，"尺寸"参数为2500cm、0cm、2500cm，如图5-4-27所示。

步骤2 制作克隆的碟子全部翻转180°的动画。在对象列表中单击"克隆"对象后，再在菜单栏中单击"运动图形 > 效果器 > 简易" ，为"克隆"对象添加"简易"效果器。

单击"简易"对象，修改属性面板中的"简易［简易］> 参数 > 位置"为不勾选状态，勾选"旋转"，修改"R.P"参数为180°，如图5-4-28所示。

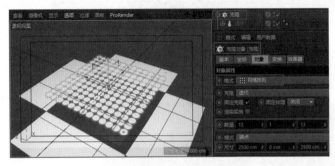
图 5-4-27

图 5-4-28

步骤3 完成克隆的碟子从中心往外翻转的动画。

单击"简易"对象，修改属性面板中的"简易［简易］> 衰减 > 形状"为"圆柱"，修改"尺寸"参数为500cm、500cm、500cm，"缩放"参数为800%，"衰减"参数为32%，如图5-4-29所示。如果发现翻转方向不是由底翻向面，勾选"反转"。"衰减"参数用于控制效果器的影响范围，本步骤的动画效果是通过记录衰减范围从中心向四周扩大实现的。C4D 在 R19 之后的版本将衰减功能升级为"域"，本步骤的衰减功能使用"域"来实现的方法在慕课视频中补充讲述。

扫码观看视频

在时间线上将时间指针 拖曳到第 250 帧，单击"缩放"左侧的灰色按钮，使其变为红色 ，在第250 帧生成关键帧。

在时间线上将时间指针 拖曳到第 0 帧，修改"缩放"的参数为 0%，单击左侧的灰色按钮，使其变为红色 ，在第 0 帧生成关键帧，如图5-4-30所示。播放动画测试效果。

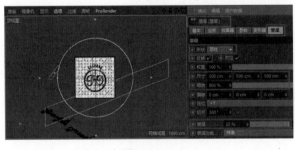
图 5-4-29

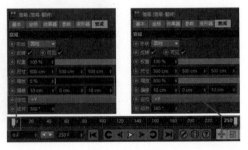
图 5-4-30

因为处于衰减中心点的对象不会产生翻转效果，为了镜头2和镜头3之间的衔接更流畅，镜头3特写的对象要处于翻转状态，调整"偏移"参数为10cm、0cm、10cm，使衰减的中心点有所偏移，这个参数的调整配合步骤四的操作会有更明显的效果。

步骤4 完成碟子翻转时的延迟效果。在对象列表中单击"克隆"对象后，再在菜单栏中单击"运动图形 > 效果器 > 延迟" ，如图5-4-31所示；为"克隆"对象添加"延迟"效果器，如图5-4-32所示。

单击"延迟"对象，修改属性面板中的"延迟［延迟］> 效果器 > 模式"为"弹簧"，"强度"参数为60%，如图5-4-33所示。播放动画测试效果。

步骤5 制作碟子里的甜点翻转出来的动画。先将图5-4-34所示的甜点模型导入

扫码观看视频

Cinema 4D 商业动画项目教程（全彩慕课版）

当前场景中。把第 5.3 节制作的"草莓塔""曲奇组合""钻心蛋糕"模型复制粘贴到当前场景。再导入两个带 OC 材质的甜点模型素材，打开项目 5 "素材"文件夹"慕斯蛋糕"和"淋面蛋糕"文件，复制粘贴蛋糕模型到当前场景中。

图 5-4-31   图 5-4-32   图 5-4-33

步骤 6 甜点是与碟子同步运动的，其克隆效果可以借助碟子的"克隆"对象来制作，在对象列表中双击"克隆"对象，将其重命名为"克隆－碟子"，再复制出一个克隆副本，将其重命名为"克隆－甜点"，如图 5-4-35 所示。

将"克隆－甜点"对象的子级"碟子"删除，如图 5-4-36 所示。将所有甜点对象拖曳到"克隆－甜点"对象上，作为子级。克隆子级的顺序决定了甜点排列的效果，适当调整甜点的顺序，但要确保在第 0 帧时拍摄的特写镜头是草莓塔，以便与镜头 2 衔接，如图 5-4-37 所示。克隆对象的子级中，数量多的甜点对象占比就大些，例如现在子级中有两个"慕斯蛋糕"，该对象生成的数量就应比其他甜点多一倍。

图 5-4-34   图 5-4-35   图 5-4-36

图 5-4-37

播放动画测试效果。如果计算有误，如使用相同效果器的甜点克隆动画与碟子克隆动画不同步，可以把克隆对象和效果器单独复制粘贴到一个新建的场景里，测试好动画以后，再将其他对象复制粘贴到场景中。

步骤 7 完成烘焙克隆动画。当克隆对象受到效果器影响或带刚体标签时，只有从第一个关键帧开始播放，才能看到正确的动画效果，否则会产生计算错误。为了方便，可以实时拖曳预览动画，这需要对克隆动画进行烘焙。此外，如果项目需要多台计算机分别渲染不同的帧段，也要对克隆动画进行烘焙，以免不同帧段在不同的计算机中计算结果不一致。

右击需要烘焙的克隆对象，执行"MoGraph 标签 > 运动图形缓存"命令，如图 5-4-38 所示，标签栏会出现"运动图像缓存"标签，单击标签，在属性面板的"MoGraph 缓存 [运动图形缓存] > 建立"选项卡中勾选"范围"，设定烘焙的帧数范围，如图 5-4-39 所示，单击"烘焙"按钮，若标签变成绿色

■表示烘焙完成。

图 5-4-38

图 5-4-39

5.4.6　制作镜头 3 的动画——标志以书写的方式出现

完成烘焙屋名称"purple queen"以书写方式出现的动画，如图 5-4-40 所示。"purple queen"的模型是使用"扫描"工具创建的，以星形为截面，purple queen 的造型样条为路径。

步骤 1　完成文字"purple"第 149 ~ 175 帧的书写动画。

在时间线上将时间指针■拖曳到第 175 帧，单击对象列表中的"文字标志 >purple> 扫描"，如图 5-4-41 所示，在属性面板中选择"对象"选项，单击"细节 > 缩放"左侧的灰色按钮，使其变为红色，在第 175 帧生成关键帧。

图 5-4-40

在时间线上将时间指针拖放到第 150 帧，将"缩放"曲线 1.0 处的节点移到 0.0 处，单击"细节 > 缩放"左侧的灰色按钮，使其变为红色，在第 150 帧生成关键帧，播放测试动画效果。

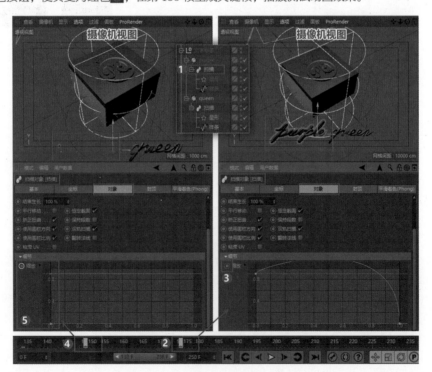

图 5-4-41

步骤 2 制作"purple>扫描"对象在第 150 帧才显示的动画。在属性面板中选择"基本"选项，单击"编辑器可见"和"渲染器可见"左侧的灰色按钮，使其变为红色 ，在第 150 帧生成关键帧，如图 5-4-42 所示。

在时间线上将时间指针 ▌ 拖曳到第 149 帧，选择"编辑器可见"和"渲染器可见"为"关闭"，分别单击它们左侧的灰色按钮，使其变为红色 ，在第 149 帧生成关键帧，如图 5-4-43 所示。

图 5-4-42　　　　　　　　　　　　　　　图 5-4-43

步骤 3 完成文字"queen"第 174 ~ 200 帧的书写动画。操作方法参考步骤 1、步骤 2，如图 5-4-44 和图 5-4-45 所示。

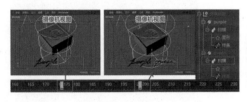　

图 5-4-44　　　　　　　　　　　　　图 5-4-45

5.5　任务 3：OC 材质的制作

通过本任务的制作与学习，读者可以解锁以下技能点。

解锁技能点			
● OC 金属材质	● OC 木纹材质	● OC 布料材质	● OC 大理石材质
● OC 凹凸材质	● OC 置换材质	● OC 透明通道材质	● OC 渐变色材质
Octane 节点编辑器			

本任务将介绍 OC 金属材质、OC 木纹材质、OC 布料材质、OC 大理石材质、OC 凹凸材质、OC 置换材质、OC 透明通道材质、OC 渐变色材质的制作，以及 Octane 节点编辑器的使用技巧。

5.5.1　制作金属材质

在镜头 1 的场景中需要创建 5 种材质：OC 金属材质、OC 木纹材质、OC 布料材质、OC 大理石材质、OC 凹凸材质，如图 5-5-1 所示。

镜头 1 中的金属材质有 3 种：金色亮光金属、金色亚光金属、紫色亚光金属，如图 5-5-2 所示。

步骤 1 镜头 1 中的场景模型使用素材文件制作，打开项目 5"素材 > 镜头文件"文件夹中的"烘焙屋镜头 1"文件，场景中的模型动画和 OC 渲染设置已经完成，具体设置步骤可参考项目 4 中第 4.6.1 小节。

步骤 2 创建金色亮光金属材质。将时间指针拖曳到第 100 帧，在 Octane 菜单栏中单击"材质 > Octane 光泽材质"，如图 5-5-3 所示，在材质窗口中创建一个 OC 光泽材质球。双击材质球，打开材质编辑器，修改材质球名称为"金色亮光金属"，取消"漫射"的勾选；单击"镜面"，修改"颜色"参数如图 5-5-4 所示，单击"索引"，修改"索引"参数为 6。

步骤 3 创建金色亚光金属材质。在材质窗口中按住 Ctrl 键拖曳"金色亮光金属"材质，复制出一个副本，双击材质球，打开材质编辑器，修改材质球名称为"金色亚光金属"；修改"粗糙度"的"浮点"

参数为 0.3，修改"索引"参数为 8，如图 5-5-5 所示。

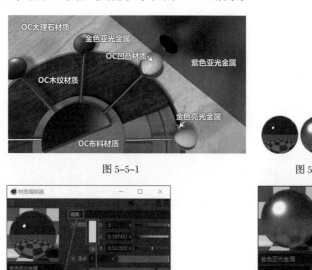

图 5-5-1　　　　　　　　　　　图 5-5-2　　　　　　图 5-5-3

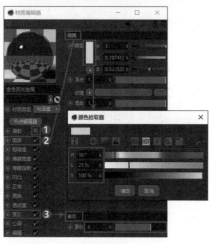

图 5-5-4　　　　　　　　　　　　　　图 5-5-5

步骤 4　创建紫色亚光金属材质。将金色亚光金属材质复制出一个副本，修改材质球名称为"紫色亚光金属"，修改"颜色"参数如图 5-5-6 所示，修改"粗糙度"的"浮点"参数为 0.13。

步骤 5　将以上步骤创建的材质分别赋予列表中的对象，如图 5-5-7 所示。效果如图 5-5-8 所示。

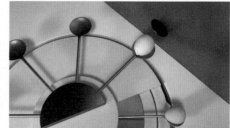

图 5-5-6　　　　　　　　图 5-5-7　　　　　　　　　　图 5-5-8

5.5.2　制作大理石材质

步骤 1　在材质窗口中创建一个 OC 光泽材质球。调出该材质球的材质编辑器，将材质球重命名为"大理石"，单击"漫射"，单击"纹理"右边的小三角，选择"加载图像"，打开项目 5"素材 > 贴图"文件夹里面的"洞石"文件，为材质球贴图，如图 5-5-9 所示。

步骤 2　将大理石材质赋予对象列表中"大理石桌面"对象，如图 5-5-10 所示。效果如图 5-5-11 所示。

扫码观看视频

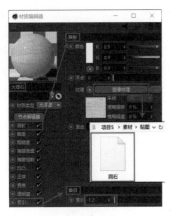

图 5-5-10

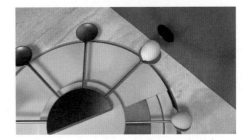

图 5-5-9

图 5-5-11

5.5.3 制作木纹材质

步骤1 在 Octane 菜单栏中单击"材质 >Octane 漫射材质",如图 5-5-12 所示,在材质窗口中创建一个 OC 漫射材质球。修改材质球名称为"木纹",单击"漫射",单击"纹理"右边的小三角,选择"加载图像",打开项目 5"素材 > 贴图"文件夹里面的"胡桃木浅色 .jpg"文件,为材质球贴图,如图 5-5-13 ①所示。

图 5-5-12 扫码观看视频

步骤2 为木纹材质增加凹凸质感。单击"凹凸",单击"纹理"右边的小三角,选择"加载图像",打开项目 5"素材 > 贴图"文件夹里面的"胡桃木浅色凹凸 .jpg"文件,如图 5-5-13 ②所示。

凹凸贴图通过贴图的灰度信息使贴图表面产生凹凸的效果。

步骤3 将木纹材质赋予对象列表中"木纹底座"对象,如图 5-5-15 所示。如果纹理的 UVW 投射效果不理想,如图 5-5-14 所示,就需要调整纹理的 UVW 投射。在对象列表中单击"木纹底座"对象的贴图标签,在属性面板中修改"标签 > 投射"为"立方体",贴图效果如图 5-5-16 所示。

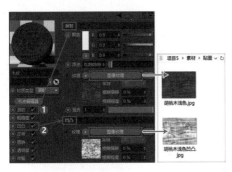

图 5-5-13

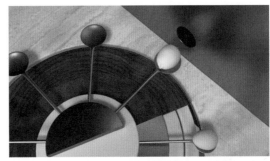

图 5-5-14

图 5-5-15

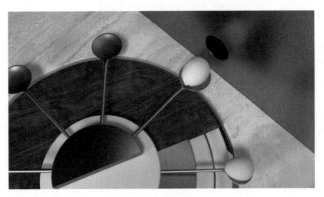

图 5-5-16

5.5.4　制作布料材质

扫码观看视频

布料材质效果如图 5-5-17 所示。布料材质使用节点编辑器来编辑。相比 C4D 材质编辑器自带的层式编辑而言，OC 节点编辑器的逻辑性更强，操作更简洁明了。

步骤 1　在材质窗口中创建一个 OC 漫射材质球，将该材质赋予对象列表中的"小勺子连接器""布纹底座"对象，如图 5-5-18 所示。

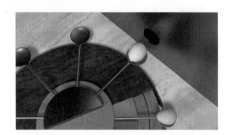

图 5-5-17

图 5-5-18

步骤 2　调出该材质球的材质编辑器，将材质球重命名为"布纹"，单击"节点编辑器"按钮，调出 Octane 节点编辑器。

Octane 节点编辑器界面如图 5-5-19 所示，材质模块中用不同的色块来对应材质模块节点列表中的节点，通过单击材质模块中的模块来控制该模块是否在材质模块节点列表中显示。滚动鼠标中键可以上下浏览材质模块节点列表。

在材质模块节点列表中将"图像纹理"拖曳到材质节点编辑区域，如图 5-5-20 所示。

步骤 3　将"图像纹理"右上方的小黄点拖曳到"布纹"的"漫射"节点左侧的灰色圈上，创建节点连接，如图 5-5-21 ①所示。

步骤 4　单击"图像纹理"，在节点属性面板中会出现其属性，单击"着色器 > 文件"右侧的灰色按钮，打开项目 5"素材 > 贴图"文件夹里面的"布纹 .png"文件，为材质球贴图，如图 5-5-21 ②所示。

步骤 5　单击"投射"按钮，"图像纹理"的"投射"节点上会出现新的节点"纹理投射"，单击"纹理投射"，在材质节点属性面板中修改"着色器 > 纹理投射"为"盒子"，如图 5-5-21 ③④所示。

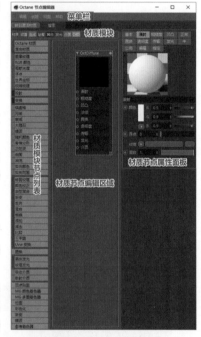

图 5-5-19

图 5-5-20

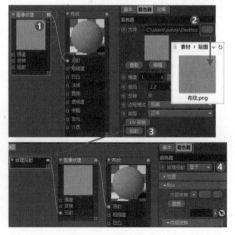

图 5-5-21

步骤6 为布纹材质增加凹凸质感。框选"纹理投射"和"图像纹理"这两个节点，按组合键"Ctrl+C"执行复制命令，按组合键"Ctrl+V"执行粘贴命令，复制出一个副本，如图5-5-22所示。

步骤7 将复制的"图像纹理"右上侧的小黄点拖曳到"布纹"的"凹凸"节点左侧的灰色圈上，创建节点连接，如图5-5-23所示。单击连接凹凸的"图像纹理"，在材质节点属性面板中单击"着色器 > 文件"右侧的灰色按钮，打开项目5"素材 > 贴图"文件夹里面的"布纹凹凸.png"文件，为材质球添加凹凸纹理效果。

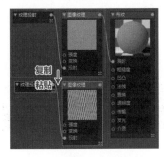

图 5-5-22

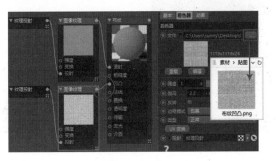

图 5-5-23

材质编辑器中的每个材质模块都像一个数据处理中转站，可以有多个节点输入数据，但只能有一个节点输出数据，最终汇总到主材质。

5.5.5 制作柠檬材质

步骤1 在材质窗口中创建一个 OC 光泽材质球，调出该材质球的材质编辑器，将材质球重命名为"柠檬"；单击"索引"，修改"索引"参数为1.15，如图5-5-24所示。

步骤2 单击"节点编辑器"按钮，调出 Octane 节点编辑器。在材质模块节点列表上滚动鼠标中键，直到列表底部，拖曳 C4D 模块的"噪波"到材质节点编辑区域，如图5-5-25所示。

步骤3 创建"噪波"与柠檬"漫射"的节点连接，单击"噪波"，在材质节点属性面板中修改"着色器"的"颜色""噪波"和"全局缩放"参数如图5-5-25所示。

柠檬皮的颜色使用纯色会显得比较生硬，在"漫射"节点中使用噪波效果，可以模仿带有杂色的真实柠檬皮颜色。

步骤4 为柠檬材质增加凹凸肌理。拖曳一个 C4D 模块的"噪波"到材质节点编辑区域，创建"噪波"与柠檬"凹凸"的节点连接，单击"噪波"，在材质节点属性面板中修改"着色器"的"颜色""噪波""全局缩放"和"相对比例"参数如图5-5-26所示。

索引
索引 1.15

图 5-5-24

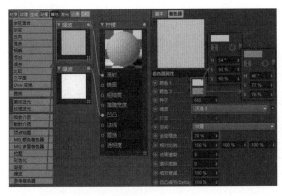

图 5-5-25

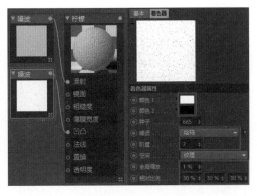

图 5-5-26

步骤 5 将柠檬材质赋予对象列表中的"柠檬"对象，如图 5-5-27 所示。贴图的凹凸颗粒有点大和变形，单击"柠檬"对象的贴图标签，在属性面板中修改"标签 > 投射"为"球状"，"平铺 U"参数为3，"平铺 V"参数为2，贴图最终效果如图 5-5-28 所示。

步骤 6 镜头 1 中的材质已经完成，接下来完成镜头 2 中的材质。打开第 5.4.1 ~ 5.4.3 小节完成的"镜头 2"文件，将第 5.5.1 ~ 5.5.5 小节创建的材质复制粘贴到"镜头 2"文件的材质窗口中，如图 5-5-29 所示。

扫码观看视频

图 5-5-27

图 5-5-28

图 5-5-29

步骤 7 为镜头 2 场景中的对象添加材质，如图 5-5-30 所示，将大理石、木纹和柠檬材质赋予对象后，适当调整各纹理标签的平铺 UV 参数。

步骤 8 根据当前场景的环境适当调整各材质的参数。镜头 2 的场景环境不需要亚光金属的反射太强烈，调整亚光材质的参数如图 5-5-31 和图 5-5-32 所示。

图 5-5-30

图 5-5-31

图 5-5-32

5.5.6 制作曲奇饼材质

曲奇饼材质如图 5-5-33 所示。

步骤 1 在材质窗口中创建一个 OC 漫射材质球，将时间指针拖曳到第 110 帧，在对象列表中为"曲奇饼"对象添加该材质，如图 5-5-34 所示。

步骤 2 调出该材质球的材质编辑器，将材质球重命名为"曲奇饼"，单击"节点编辑器"按钮，调出 Octane 节点编辑器，如图 5-5-35 所示。

步骤 3 在材质模块节点列表中将贴图模块的"渐变"拖曳到材质节点编辑区域，模块名称可能会显示为"梯度"，如图 5-5-35 所示。

步骤 4 创建"梯度"与曲奇饼"漫射"的节点连接，单击"梯度"节点，在材质节点属性面板中修改"着色器 > 梯度"的渐变颜色，如图 5-5-36 所示。

步骤 5 设定材质球的渐变方向。在材质模块节点列表中将"衰减"拖曳到材质节点编辑区域，创建其与"梯度"的节点连接，如图 5-5-37 所示。

扫码观看视频

图 5-5-33

图 5-5-34

图 5-5-35

图 5-5-36

图 5-5-37

步骤 6 制作材质表面的凹凸肌理。在材质模块节点列表中将生成模块的"噪波"拖曳到材质节点编辑区域，创建其与曲奇饼"凹凸"的节点连接，如图 5-5-38 所示。单击"噪波"节点，在材质节点属性面板中修改"着色器 > 类型"为"循环"，"细节尺寸"参数为 15，如图 5-5-38 所示。最终效果如图 5-5-39 所示。

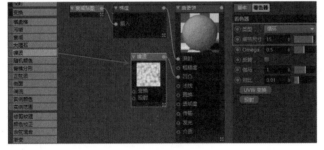

图 5-5-38

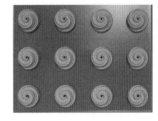

图 5-5-39

5.5.7 制作草莓塔饼底材质

草莓塔饼底材质如图 5-5-40 所示。

步骤 1 新建一个 OC 漫射材质球，将新建材质球重命名为"饼底"，打开该材质的节点编辑器，"漫射"部分的制作参考第 5.5.6 小节的步骤 1 ~ 步骤 5。也可以将曲奇饼"漫射"连接的模块复制粘贴到新建材质的节点编辑器中。

饼底材质表面的凹凸肌理比较深，凹凸贴图可以产生浅层的凹凸纹理。若要制作深层的凹凸纹理，则使用置换贴图。

步骤 2 在材质模块节点列表中将"置换"拖曳到材质节点编辑区域，创建与饼底"置换"的节点连接，如图 5-5-41 所示。

步骤 3 拖曳 C4D 模块的"噪波"到材质节点编辑区域，创建"噪波"与"置换"的节点连接，单击"噪波"节点，在材质节点属性面板中修改"着

扫码观看视频

图 5-5-40

色器"的"颜色1""种子""噪波"和"全局缩放"参数如图5-5-41所示。

图 5-5-41

步骤4 单击"置换",在材质节点属性面板中修改"着色器"的"数量"参数为2cm,这个参数用于改变置换纹理的高度,修改"过滤类型"为"盒子",如图5-5-41所示。

步骤5 将时间指针拖曳到第250帧,在对象列表中为"草莓塔>饼底"对象添加材质,如图5-5-42所示。

步骤6 奶油的材质已经在材质窗口中,在对象列表中为"草莓塔>奶油"对象添加奶油材质。

图 5-5-42

小提示

置换贴图能在渲染的时候,按照置换对象的灰度改变贴图表面的高低起伏,在不增加模型面数的情况下,丰富模型表面的细节。置换贴图在编辑器中不显示,只在渲染的时候起作用,能大大提高编辑速度。

置换贴图的缺点是渲染较慢。浅层的纹理效果建议选择凹凸贴图,它相比置换贴图的渲染时间要短很多,对计算机性能要求相对低些。本项目中的饼底和草莓的材质都采用了置换贴图,可以根据计算机性能调整成凹凸贴图,但纹理的凹凸感会弱很多。

5.5.8 制作草莓材质

草莓材质如图5-5-43所示。

步骤1 在材质窗口中创建一个OC光泽材质球,将该材质赋予草莓塔的3个草莓,如图5-5-44所示。

步骤2 调出该材质球的材质编辑器,将材质球重命名为"草莓"。

步骤3 调出Octane节点编辑器,拖曳"图像纹理"到材质节点编辑区域,创建其与草莓材质"漫射"的节点连接。单击"图像纹理",在材质节点属性面板中单击"着色器>文件"右侧的灰色按钮,打开项目5"素材>贴图"文件夹里面的"草莓.jpg"文件,为材质球贴图,如图5-5-45所示。

图 5-5-43

图 5-5-44

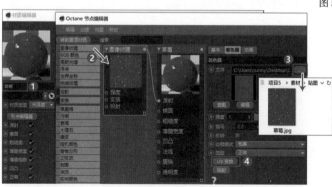

图 5-5-45

扫码观看视频

步骤4 单击"图像纹理"的材质节点属性面板底部的"UV变换"按钮,生成"变换"节点,如图5-5-46所示。单击"变换",在材质节点属性面板中修改"S.X"参数为0.15,"S.Y"参数为0.4,使纹理缩小。

步骤5 拖曳"置换"到材质节点编辑区域,创建其与草莓材质"置换"的节点连接,如图5-5-47①所示。

图 5-5-46

步骤6 拖曳"图像纹理"到材质节点编辑区域,创建其与"置换"的节点连接,如图5-5-47②所示。单击"图像纹理",在节点属性面板中单击"着色器>文件"右侧的灰色按钮,打开项目5"素材>贴图"文件夹里面的"草莓表面凹凸.jpg"文件,添加置换贴图,如图5-5-47③所示。

步骤7 复制粘贴"变换"节点,创建节点连接,如图5-5-47④所示。

步骤8 单击"置换",在材质节点属性面板中修改"着色器"的"数量"参数为2cm,如图5-5-47⑤所示。

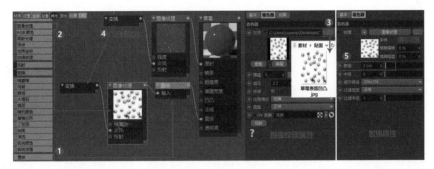

图 5-5-47

5.5.9 制作草莓蒂材质

草莓蒂材质如图5-5-43所示。

步骤1 在材质窗口中创建一个OC漫射材质球,调出该材质球的材质编辑器,将材质球重命名为"草莓蒂"。

步骤2 调出Octane节点编辑器,拖曳"图像纹理"到材质节点编辑区域,创建其与草莓蒂材质"漫射"的节点连接。单击"图像纹理",在材质节点属性面板中单击"着色器>文件"右侧的灰色按钮,打开项目5"素材>贴图"文件夹里面的"叶子.png"文件,为材质球贴图,如图5-5-48①所示。

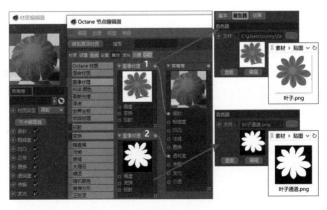

图 5-5-48

步骤3 制作材质的透明通道。拖曳"图像纹理"到材质节点编辑区域,创建其与草莓蒂材质"透明度"的节点连接。单击"图像纹理"，在材质节点属性面板中单击"着色器 > 文件"右侧的灰色按钮，打开项目 5"素材 > 贴图"文件夹里面的"叶子通道 .png"文件，如图 5-5-48 ②所示。

透明度贴图的基本原理是利用图像中的灰度参数生成材质的透明度参数，"黑"为完全透明，"白"为完全不透明，"灰"为半透明。

步骤 4 为 3 个草莓中一个的草莓蒂贴图，如图 5-5-49 所示。"草莓蒂"的材质需要使用 UV 贴图，UV 贴图只能对可编辑多边形进行贴图，"草莓蒂"的父级是"细分曲面"，所以要把材质赋予"草莓蒂 > 球体"对象。

步骤 5 单击"球体"对象的贴图标签，如图 5-5-49 所示，修改属性面板中标签的"投射"为"UVW 贴图"。

步骤 6 现在贴图还不能贴合模型的造型，需要进行 UV 编辑。在 C4D 菜单栏右侧的界面下拉菜单中选择"BP-UV Edit"，打开 UV 编辑界面。UV 编辑界面介绍请参考项目 4 中第 4.4.1 小节的步骤 6。

在对象管理器中选"草莓蒂"的子级"球体"，如图 5-5-50 所示，单击"从投射设置"按钮，为"球体"对象添加一个 UVW 标签。一般多边形对象在转为可编辑对象时，软件会为其自动添加 UVW 标签，因此可省略这一步骤。

步骤 7 单击 UVW 标签，在纹理编辑窗口中单击"文件 > 打开纹理"，打开项目 5"素材 > 贴图"文件夹里面的"叶子 .png 文件，作为纹理参照，如图 5-5-51 所示。这个纹理图片和对象材质的图片必须是同一张图片。

图 5-5-49　　　　　　　　　　图 5-5-50　　　　　　　　　　图 5-5-51

步骤 8 在通用编辑工具栏中单击"UV 多边形"工具，这个工具主要用于多边形面的选择，和"多边形模式"工具的功能相似，按组合键"Ctrl+A"全选所有的 UV 面，如图 5-5-52 ①②所示。在纹理贴图命令面板中单击"贴图 > 投射 > 适合选区，"选择"平均法线"；单击"平直"按钮，使 UV 面平直拉伸以匹配纹理编辑窗口，如图 5-5-52 ③④⑤所示。

步骤 9 在通用编辑工具栏中单击"自由缩放"工具，如图 5-5-53 所示，缩放调整 UV 面；在通用编辑工具栏中单击"移动"工具，调整 UV 面的大小和位置，如图 5-5-54 所示。

步骤 10 在通用编辑工具栏中单击"旋转"工具，旋转 UV 面，使每瓣花都能对齐叶子纹理，如图 5-5-55 所示。

步骤 11 在通用编辑工具栏中单击"UV 点"工具，这个工具主要用于多边形点的选择，和"多边形模式"工具的功能相似，单击"移动"工具，调整 UV 点，使 UV 的外形与叶子纹理适配，如图 5-5-56 所示。注意每瓣花的形状要比叶子的纹理稍大一点，纹理才能显示完整。

步骤 12 UV 调整好以后，在对象列表中按住 Ctrl 键的同时拖曳材质标签和 UV 标签到另外两个草莓的"草莓蒂 > 球体"对象上，为它们赋予 UV 贴图，如图 5-5-57 所示。

图 5-5-52

图 5-5-53

图 5-5-54

图 5-5-55

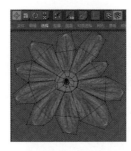

图 5-5-56

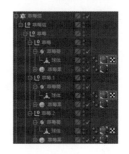

图 5-5-57

步骤13　镜头 2 中的材质已经完成，接下来完成镜头 3 中的材质。打开第 5.4.4~5.4.6 小节完成的"镜头 3"文件，镜头 3 的初始文件中已经有 5 个材质球，如图 5-5-58 所示。

步骤14　为蛋糕盒贴上材质，先为蛋糕盒身赋予材质。蛋糕盒身外白内紫的材质如图 5-5-59 所示。将"蛋糕盒外"材质赋予其子对象"盒身立面" 如图 5-5-60 所示。

扫码观看视频

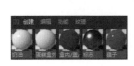

图 5-5-58

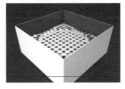

图 5-5-59

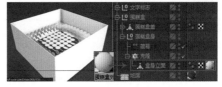

图 5-5-60

步骤15　为蛋糕盒身内侧赋予紫色材质。取消激活"盒身立面"的父级"克隆"对象，如图 5-5-61 所示。单击"编辑模式工具栏 > 多边形模式"工具，使用移动工具选中截面，如图 5-5-61 所示，拖曳盒内 / 盖 / 地面材质到所选截面。

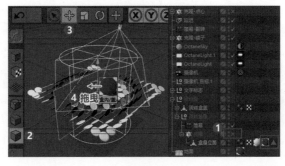

图 5-5-61

步骤 16 激活"盒身立面"的父级"克隆"对象，渲染测试效果。播放盒身部分动画，如果出现图 5-5-62 左图所示的盒身悬空问题，则移动"地面"对象，使其平贴盒身，如图 5-5-62 右图所示。

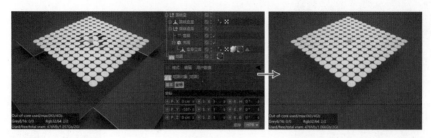

图 5-5-62

步骤 17 为"文字标志"和"蛋糕盒 > 蛋糕盒盖 >PQ 标志"对象添加标志材质，如图 5-5-63 所示。

步骤 18 为"克隆 > 碟子"对象添加碟子材质，如图 5-5-64 所示。

步骤 19 取消激活"克隆 - 甜点"对象，为"草莓塔"添加材质，先取消其他甜点的显示。

复制粘贴第 5.5.7 ~ 5.5.9 小节完成的草莓塔的 3 个材质和 UV 标签到当前场景，为"克隆 - 甜点 > 草莓塔"对象贴图，如图 5-5-65 所示。

图 5-5-63

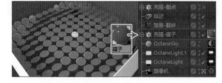

图 5-5-64

图 5-5-65

5.5.10 制作钻心蛋糕材质

制作钻心蛋糕的材质，如图 5-3-53 所示，先取消其他甜点的显示。

步骤 1 在材质窗口中创建一个 OC 漫射材质球，将该材质赋予"克隆 - 甜点 > 钻心蛋糕"对象，如图 5-5-66 所示。

步骤 2 调出该材质球的材质编辑器，将材质球重命名为"钻心蛋糕"，如图 5-5-67 ①所示。

图 5-5-66

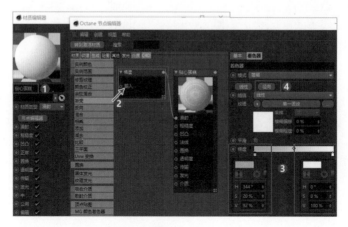

图 5-5-67

Cinema 4D 商业动画项目教程（全彩慕课版）

步骤 3 调出 Octane 节点编辑器，拖曳"渐变"到材质节点编辑区域，创建其与钻心蛋糕材质"漫射"的节点连接，如图 5-5-67 ②所示。

步骤 4 单击"梯度"节点，在材质节点属性面板中修改"梯度"的渐变颜色，如图 5-5-67 ③所示。

步骤 5 单击"径向"按钮，如图 5-5-67 ④所示，生成单一波纹节点，如图 5-5-68 所示。

步骤 6 单击"变换"节点，在材质节点属性面板中修改"着色器 >UVW 变换 > R.Y"参数为 90，"R.Z"参数为 15，如图 5-5-67 所示。

步骤 7 单击"纹理投射"节点，在材质节点属性面板中修改"纹理投射"为"球形"，如图 5-5-69 所示。

图 5-5-68

图 5-5-69

步骤 8 制作材质表面的蛋糕凹凸肌理。在材质模块节点列表中将生成模块的"噪波"拖曳到材质节点编辑区域，创建其与钻心蛋糕"凹凸"的节点连接。单击"噪波"节点，在属性面板中单击"UVW 变换"，生成"变换"节点，如图 5-5-70 所示。

图 5-5-70

步骤 9 单击"变换"节点，在材质节点属性面板中修改"着色器 >UVW 变换 > S.X"参数为 0.05，"S.Y"参数为 0.05，如图 5-5-71 所示。

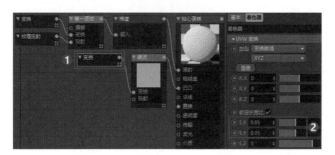
图 5-5-71

步骤 10 单击"噪波"节点，在材质节点属性面板中单击"投射"按钮，生成"纹理投射"节点，如图 5-5-72 所示。

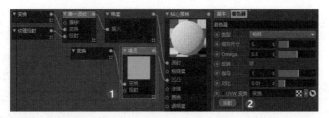
图 5-5-72

步骤 11 单击"纹理投射"节点，在材质节点属性面板中修改"纹理投射"为"球形"，如图 5-5-73 所示。

图 5-5-73

5.6 任务 4：渲染与合成

渲染 3 个镜头的文件，生成序列图，在 AE 或其他后期软件中合成。

扫码观看视频

5.7 小结

本项目在建模方面主要讲解了锥化、螺旋、FFD、置换 4 种变形器的功能，以及使用旋转、减面功能建模的技巧。

扫码观看视频

动画方面主要讲解了扫描生长动画，以及克隆配合简易、延迟效果器完成动画的技巧。

材质方面主要讲解了 OC 金属材质、OC 木纹材质、OC 布料材质、OC 大理石材质、OC 凹凸材质、OC 置换材质、OC 透明通道材质、OC 渐变色材质的制作，以及 Octane 节点编辑器的使用技巧。

5.8 课后拓展

本项目中讲解了一个可以使模型外形产生巨大变化的贴图——置换，尝试用置换贴图将草莓塔的饼底做成不同质感的烘焙效果，如图 5-8-1 所示。

图 5-8-1

小提示

操作步骤与第 5.5.7 小节相同，置换贴图的参数及置换输入的"噪波"参数不同，如图 5-8-2 所示。

图 5-8-2

Cinema 4D 商业动画项目教程（全彩慕课版）

198

6.1 项目描述

扫码观看视频

项目 6 为制作 OOD 品牌宣传片（新年篇）。这是一个家具品牌的节日宣传片，用于在节日期间宣传品牌形象，凝聚人气，增加品牌亲和力，时长 15 秒。本项目将讲解宣传片中粒子、动力学部分的制作过程，如图 6-1-1 所示。

图 6-1-1

6.2 技能概述

通过本项目的制作与学习，读者可以解锁以下技能点。

6.3 任务 1：制作大量彩球涌入客厅的动画

通过本任务的制作与学习，读者可以解锁以下技能点。

本任务主要完成大量彩球弹跳涌入客厅的动画。

6.3.1 制作粒子喷射

本项目的镜头 1 和镜头 2 是在同一个场景文件中完成的，打开项目 6 素材文件夹中的"新年镜头 1、2"文件，场景中已经创建了客厅模型、材质、环境和摄像机，开门的动画（第 1 ~ 17 帧）已完成，视图窗口左上方为摄像机视图，右上方为透视视图。

制作球体的粒子喷射效果。

步骤 1 单击"工具栏 > 球体"工具，创建一个球体，修改属性面板中的"球体对象［球体］> 对象 > 半径"参数为 4cm，"分段"参数为 24，如图 6-3-1 所示。

步骤 2 在菜单栏中单击"模拟 > 粒子 > 发射器"，如图 6-3-2 所示。

步骤 3 在对象列表中将"球体"对象拖曳到"发射器"对象上，作为子级，如图 6-3-3 所示。

图 6-3-1　　　　　　　　　　　图 6-3-2

步骤 4　单击"发射器"对象，在属性面板中修改"粒子发射器对象［发射器］> 发射器 > 水平尺寸"参数为 85cm，"垂直尺寸"参数为 190cm，比门洞的尺寸略小，在门洞处调整发射器位置，如图 6-3-3 所示。

步骤 5　在属性面板中修改"粒子发射器对象［发射器］> 粒子"参数如图 6-3-4 所示。

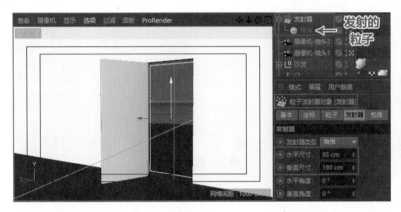

图 6-3-3　　　　　　　　　　　图 6-3-4

步骤 6　在 C4D 中发生基本的动力学碰撞，只需要给固定的对象添加"碰撞体"标签，给运动的对象添加"刚体"标签，调整相关参数即可。

在对象列表中单击"发射器"的子级"球体"，右击，执行"模拟标签 > 刚体"命令，为球体添加刚体标签，如图 6-3-5 所示。注意确保标签是添加给发生实际碰撞对象"球体"的。

步骤 7　在对象列表中单击"地面"，右击，执行"模拟标签 > 碰撞体"命令，为地面添加碰撞体标签，如图 6-3-6 所示。

步骤 8　单击"地面"对象的"碰撞体"标签，在属性面板中修改"力学体标签［力学体］> 碰撞 > 反弹"参数为 120%，如图 6-3-7 所示。

播放动画测试效果，注意切换不同的镜头观察粒子效果，如图 6-3-7 所示。

图 6-3-5

图 6-3-6

图 6-3-7

6.3.2　制作多对象彩球粒子

制作粒子喷射出不同的彩球的动画，彩球有4种大小规格和3种不同材质，如图6-3-8所示。

步骤1　制作4种大小规格的粒子。这一步骤可以通过粒子属性中的"终点缩放"来调整，但因为粒子要针对不同的大小赋予不同的材质，所以选择使用另一个方法。

在对象列表中将"发射器"对象的子级"球体"复制出3个副本，如图6-3-9所示。

步骤2　分别修改"球体"的半径参数如图6-3-10所示，播放动画测试效果。

图6-3-8

步骤3　材质窗口中已经准备了3个彩球的材质，如图6-3-11所示，分别为"球体"对象赋予材质，由于希望红色彩球更多一些，因此有两个对象被赋予了红色材质，如图6-3-10所示。

图6-3-9

图6-3-10

图6-3-11

步骤4　粒子对象带刚体标签时，只有从第一个关键帧开始播放，才能看到正确的动画效果，否则会产生计算错误。为了方便，可以实时拖曳预览动画，需要对粒子的发射效果和刚体碰撞动力学效果进行烘焙。此外，如果工程需要多台计算机分别渲染不同的帧段，也要对粒子动画进行烘焙，以免不同帧段在不同的计算机中的计算结果不一致。

烘焙粒子发射效果。在对象列表中单击"发射器"对象。在菜单栏中单击"模拟>粒子>烘焙粒子"，设定烘焙的时间范围和包括子对象，如图6-3-12所示。发射器的标签栏中会出现一个烘焙标签■，粒子目前的发射动画就可以被实时拖曳预览了。这一步骤建议在粒子效果测试完后再做，如果粒子参数有改变，则需要删除标签重新烘焙。

步骤5　烘焙刚体碰撞力学效果。在对象列表中单击"球体"对象的力学体标签，如图6-3-13所示，在属性面板中勾选"缓存>包含碰撞数据"，单击"全部烘焙"按钮，计算完成后，所有的刚体标签都会从■变成■，动力学效果就缓存下来了。如果刚体和碰撞体的参数有改变，则需要重新烘焙。

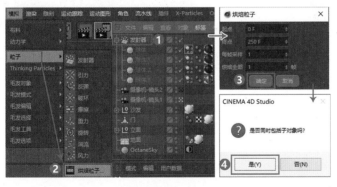

图6-3-12

图6-3-13

6.4　任务2：制作彩球在卧室中的碰撞动画

通过本任务的制作与学习，读者可以解锁以下技能点。

解锁技能点
随机效果器　　碰撞变形器

本任务主要完成大量彩球弹跳进卧室后，与床垫和枕头产生碰撞变形的动画，如图 6-4-1 所示。

图 6-4-1

6.4.1　制作彩球与床垫碰撞的动画

本任务在"新年镜头 3"文件中完成，打开项目 6 素材文件夹中的"新年镜头 3"文件，场景中已经创建了卧室模型、材质、环境和摄像机，视图窗口左上方为摄像机视图，右上方为透视视图。

扫码观看视频

步骤 1　制作球体的克隆对象。这个场景中的碰撞变形效果是用碰撞变形器实现的，因为碰撞变形器不支持粒子对象，所以所有的彩球由克隆工具制作。

单击"工具栏 > 球体"工具 ，创建一个球体，修改属性面板中的 "球体对象［球体］> 对象 > 半径"参数为 4cm， "分段"参数为 24，如图 6-4-2 所示。

步骤 2　在菜单栏中单击"运动图形 > 克隆" ，如图 6-4-3 所示，在对象列表里把"球体"对象拖曳到"克隆"对象上，作为子级；在对象列表中单击"克隆"对象，修改属性面板中的"克隆对象［克隆］> 对象 > 模式"为"网格排列"，"数量"参数为 3、3、3，"尺寸"参数为 60cm、60cm、60cm，如图 6-4-4 所示。

202

图 6-4-2　　　　　　　图 6-4-3

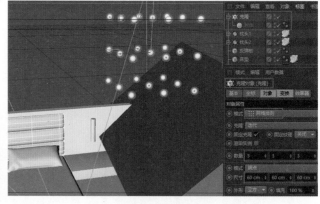

图 6-4-4

步骤 3　克隆生成的网格对象排列太规整了，会使彩球落下的时候太整齐，需要适当增加一点排列变化。在对象列表中单击"克隆"对象后，再在菜单栏中单击"运动图形 > 效果器 > 随机" ，如图 6-4-5 所示，"克隆对象［克隆］> 效果器 > 效果器"右侧的框里会出现"随机"效果器；也可在对象列表中将效果器直接拖曳到"克隆"对象的"效果器"框里。

步骤 4　单击"克隆"对象，右击，执行"模拟标签 > 刚体"命令，添加"刚体"标签，在属性面板中修改"力学体标签［力学体］> 碰撞 > 独立元素"为"全部"，使克隆的子级可以单独发生碰撞，修改"力 > 粘滞"参数为 5%，如图 6-4-6 所示。

步骤 5　为了和上一个镜头衔接流畅，彩球应该从右侧弹跳入镜，场景中预先创建了一个扁平的立方体作为反弹板，"克隆"对象落在反弹板上，再反弹到床上，动态效果会比较自然，如图 6-4-7 所示。

在对象列表中单击"反弹板"对象，右击，执行"模拟标签 > 碰撞体"命令，添加"碰撞体"标签，在属性面板中修改"力学体标签［力学体］> 碰撞 > 反弹"参数为 200%，如图 6-4-8 所示。

图 6-4-5　　　　　　　　　　　　　　　　　　　　　图 6-4-6

播放动画测试效果。

步骤 6　创建"克隆"对象与床垫的碰撞变形效果。场景中已经创建了一个床垫模型，这个对象只发生碰撞后的变形，现在要创建一个立方体与"克隆"对象发生实际碰撞。

单击"工具栏 > 立方体"工具 ，创建一个立方体，修改立方体的属性如图 6-4-9 所示。

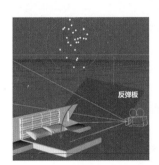

图 6-4-7　　　　　　　图 6-4-8　　　　　　　　　　　　图 6-4-9

步骤 7　将立方体移动到"床垫"对象的中间，在对象列表中为立方体添加"碰撞体"标签，如图 6-4-10 所示。

图 6-4-10

步骤 8　单击"工具栏 > 碰撞变形器 ，如图 6-4-11 所示。在对象列表中将"碰撞"变形器拖曳到"床垫"对象下层，作为"立方体"的子级，如图 6-4-12 所示。

单击"碰撞"，在属性面板中单击"碰撞器"，将步骤 2 创建的"克隆"对象拖曳到"碰撞器 > 对象"右侧的框内，修改"解析器"为"外部"。

修改"高级 > 尺寸"为 0.5cm，如图 6-4-12 所示。

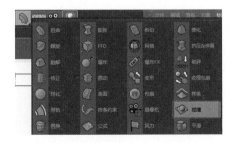

图 6-4-11　　　　　　　　　　　　　　　　　图 6-4-12

播放动画测试效果。

6.4.2　制作彩球与枕头碰撞的动画

创建"克隆"对象与枕头的碰撞变形效果，操作步骤与床垫的碰撞变形相同。

步骤 1　在对象列表中将"枕头 1"复制出一个副本"枕头 1.1"，用缩放工具 和移动工具 调整"枕头 1.1"的大小和位置，如图 6-4-13 所示，将其置于"枕头 1"内，且比"枕头 1"小。

扫码观看视频

步骤 2　为"枕头 1.1"添加添加"碰撞体"标签。

步骤 3　创建碰撞变形器 ，在对象列表中将"碰撞"变形器拖曳到"枕头 > 立方体 .1"对象下层，作为子级。

单击"碰撞"，在属性面板中单击"碰撞器"，将第 6.4.1 小节的步骤 2 创建的"克隆"对象拖曳到"碰撞器 > 对象"右侧的框内，修改"解析器"为"外部"，如图 6-4-14 所示。

修改"高级 > 尺寸"参数为 3cm，如图 6-4-15 所示。

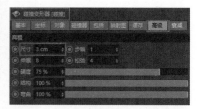

图 6-4-13　　　　　　　　　图 6-4-14　　　　　　　　　图 6-4-15

播放动画测试效果。如果"碰撞"变形与"克隆"对象的运动不契合，则适当调整"高级 > 尺寸"参数，如图 6-4-16 所示。

如果"克隆"对象弹落在床垫上的位置不理想，则适当调整反弹板的角度和"克隆"对象的位置。

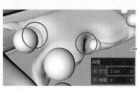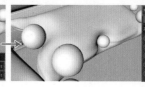

图 6-4-16

步骤 4　创建"克隆"对象与"枕头 2"的碰撞变形效果，如图 6-4-17 所示，操作方法参考步骤 1 ~ 步骤 3。

步骤 5　框选对象，如图 6-4-18 所示，右击，执行"模拟标签 > 碰撞体"命令，添加"碰撞体"标签。

步骤 6　将"克隆"对象的子级"球体"复制出 3 个副本，分别修改"球体"的半径参数如图 6-4-19 所示。

图 6-4-17　　　　　　　　　图 6-4-18　　　　　　　　　图 6-4-19

步骤 7　播放动画测试效果，适当调整相关参数。烘焙"克隆"对象的刚体碰撞力学效果，如图 6-4-20 所示，操作方法参考第 6.3.2 小节的步骤 5。

步骤 8　计算碰撞变形缓存。这一步骤的功能与烘焙相似，把碰撞变形效果缓存起来，方便拖曳预览和分帧段渲染。在对象列表中单击"碰撞"对象，在属性面板中单击"碰撞变形器 [碰撞] > 缓存 > 计算"，如图 6-4-21 所示，碰撞变形效果就缓存下来了。

如果发生碰撞的对象的相关参数有改变，则需要重新烘焙、计算。也可以清空所有的缓存，测试后再烘焙、缓存。

步骤9 材质窗口中已经准备了3个彩球的材质，分别为克隆的子级"球体"对象赋予材质，如图6-4-22所示。

| 图6-4-20 | 图6-4-21 | 图6-4-22 |

扫码观看视频

6.5 任务3：制作彩球滚入标志容器的动画

通过本任务的制作与学习，读者可以解锁以下技能点。

解锁技能点
✖ 引力

本任务主要完成大量彩球滚入标志容器中的动画，如图6-5-1所示。

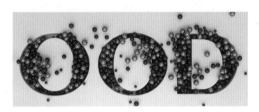

图6-5-1

6.5.1 制作粒子喷射

本任务在"新年镜头4"文件中完成，打开项目6素材文件夹中的"新年镜头4"文件，场景中已经创建了标志容器等模型、材质、环境和摄像机，视图窗口左上方为摄像机视图，右上方为透视视图。

步骤1 在菜单栏中单击"模拟 > 粒子 > 发射器" 。在属性面板中修改"粒子发射器对象［发射器］> 发射器 > 水平尺寸"参数为1200cm，"垂直尺寸"参数为100cm，调整发射器位置，如图6-5-2所示。

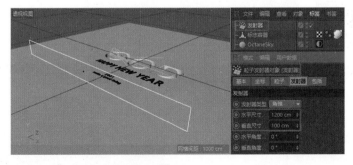

图6-5-2

步骤2 单击"工具栏 > 球体"工具 ，创建一个球体，修改属性面板中的"球体对象［球体］> 对象 > 半径"参数为4cm，"分段"参数为24，在对象列表中将"球体"对象拖曳到"发射器"对象上，作为子级，如图6-5-3所示。

 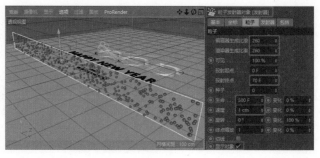

图 6-5-3   图 6-5-4

6.5.2   制作彩球滚入标志容器动画

步骤 1 在对象列表中单击"发射器"的子级"球体",右击,执行"模拟标签 > 刚体"命令,为"球体"对象添加刚体标签,如图 6-5-5 所示。

步骤 2 在对象列表中单击"标志容器",右击,执行"模拟标签 > 碰撞体"命令,为"标志容器"对象添加碰撞体标签。单击碰撞体标签 ,在属性面板中修改"力学体标签 [力学体] > 碰撞 > 外形"为"静态网格",如图 6-5-6 所示。

图 6-5-5

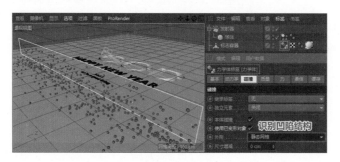

图 6-5-6

步骤 3 现在球体粒子只是垂直掉落在标志容器上,需要添加引力,把粒子全部吸引到标志容器内。

在菜单栏中单击"模拟 > 粒子 > 引力",如图 6-5-7 所示,在对象列表中创建一个"引力"。在属性面板中修改"引力对象 [引力] > 对象 > 强度"参数为 2500,调整引力位置,如图 6-5-8 所示,播放测试动画。

图 6-5-7   图 6-5-8

步骤 4 如果引力只有一个,粒子会太集中,适当增加场景中的引力,适当调整引力的强度,如图 6-5-9 所示,播放动画测试效果。

步骤 5 在对象列表中将"发射器"对象的子级"球体"复制出 3 个副本,分别修改"球体"的半径参数,如图 6-3-10 所示。播放动画测试效果。

图 6-5-9

步骤6 材质窗口中已经准备了3个彩球的材质，分别为发射器的子级"球体"对象赋予材质，如图6-3-10所示。

步骤7 烘焙粒子对象的刚体碰撞力学效果，操作方法参考第6.3.2小节的步骤5。

6.6 任务4：渲染与合成

扫码观看视频

渲染4个镜头的文件，生成序列图。如果粒子无法在设置了OC渲染器的图片查看器中渲染出来，在对象列表为发射器对象添加OC标签，如图6-6-1所示，就可以解决这个问题了。渲染完成的序列图在AE或其他后期软件中合成。

图 6-6-1

6.7 小结

扫码观看视频

本项目在动画方面主要讲解了力学体动画的制作技巧，以及粒子发射器、刚体标签、碰撞体标签、碰撞变形器、随机效果器和引力的使用方法。

6.8 课后拓展

本项目讲解了力对粒子的影响，尝试在"新年镜头4"场景中再添加不同的力，如旋转、湍流等，如图6-8-1所示，调整相关参数，观察不同的力对粒子的影响。

图 6-8-1

07

精诚电子标志演绎

7.1 项目描述

扫码观看视频

项目 7 为制作精诚电子标志演绎。标志演绎的作用主要是加强品牌的认知度，延伸标志背后的品牌理念，时长 10 秒。本项目将讲解宣传片中路径动画、破碎动画部分的制作过程，如图 7-1-1 所示。

图 7-1-1

7.2 技能概述

通过本项目的制作与学习，读者可以解锁以下技能点。

动画			材质
🌀 样条约束变形器	🔷 破碎功能	🎬 舞台	🔘 渐变发光材质

在本项目中，对接线模型沿着样条线运动，沿途设置了 3 个摄像机，分别为镜头 1、镜头 2、镜头 3。

镜头 1：对接线模型由样条线始端开始运动。

镜头 2：对接线模型沿着样条线运动过程中撞碎障碍物。

镜头 3：对接线模型运动到样条线末端时出现标志。

7.3 任务 1：制作镜头 1 对接线的路径动画

通过本任务的制作与学习，读者可以解锁以下技能点。

解锁技能点
🌀 样条约束变形器

本任务主要完成第 1 ~ 50 帧，对接线模型由样条线始端开始运动，到样条线 40% 处停驻的动画，如图 7-3-1 所示。

图 7-3-1

本项目的所有镜头都是在同一个场景文件中完成的，打开项目 7 素材文件夹中的"精诚电子"文件，场景中已经创建了对接线、障碍墙、样条线的模型，以及金属材质、摄像机和环境，如图 7-3-2 所示。视图窗口左上方为摄像机视图，右上方为透视视图。当前摄像机视图显示的是镜头 1 的视图。

步骤 1　为"对接线"对象添加样条约束变形器。"对接线"是一个由多个对象编组而成的对象，如图 7-3-3 所示。

单击"工具栏 > 样条约束"变形器 ，如图 7-3-4 所示。在对象列表中将"样条约束"变形器拖曳到"对接线"对象下方，作为"对接线"的子级，如图 7-3-5 所示。

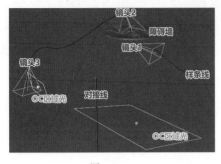
图 7-3-2

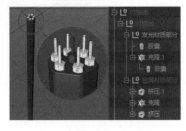
图 7-3-3

图 7-3-4

步骤 2　在对象列表中单击"样条约束"，拖曳"样条"对象到属性面板中"样条约束 [样条约束] > 对象 > 样条"右侧的框内，如图 7-3-6 所示；修改"轴向"参数为 -Y，"偏移"参数为 65%，"模式"为"保持长度"。

图 7-3-5

步骤 3　在时间线上将时间指针 拖曳到第 45 帧，在属性面板中单击"样条约束 [样条约束] > 对象 > 偏移"左侧的灰色按钮，使其变为红色 ，在第 45 帧生成关键帧，如图 7-3-7 ①所示。

在时间线上将时间指针 拖曳到第 0 帧，修改"偏移"参数为 100%，单击左侧的灰色按钮，使其变为红色 ，生成关键帧，如图 7-3-7 ②所示。

分别在第 5 帧和第 50 帧生成"偏移"参数为 80%、60% 的关键帧，如图 7-3-7 ③④所示。

图 7-3-6

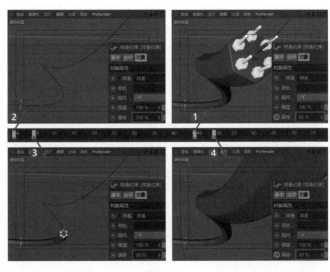
图 7-3-7

此处的偏移动画生成两个关键帧即可实现运动效果，现在用 4 个关键帧是为了协调运动速度，如图 7-3-8 所示。

图 7-3-8

7.4 任务 2：制作镜头 2 冲击破碎动画

通过本任务的制作与学习，读者可以解锁以下技能点。

解锁技能点
破碎

本任务主要完成第 50 ～ 100 帧，对接线沿着样条线在 40% 处运动，穿破障碍墙到样条线 50% 处停驻的动画，如图 7-4-1 所示。

图 7-4-1

7.4.1 制作对接线的路径动画

扫码观看视频

步骤 1 在对象列表中单击"摄像机 2"右侧的 ，使其变为 ，设置摄像机 2 为摄像机视图，如图 7-4-2 所示。

步骤 2 分别在第 55 帧、95 帧和第 100 帧生成样条约束的"偏移"参数为 57%、54%、50% 的关键帧，如图 7-4-2 所示，操作方法参考第 7.3 节步骤 3。

图 7-4-2

7.4.2 制作障碍墙被撞后的破碎动画

步骤 1 在菜单栏中单击"运动图形 > 破碎 Voronoi"，如图 7-4-3 所示。

步骤 2 在对象列表里把"障碍墙"对象拖曳到"破碎"对象上，作为子级；在对象列表中单击"破碎"对象，单击属性面板中"泰森分裂 [破碎 Voronoi] > 来源 > 来源"右侧框内的"点生成器 - 分布"，修改"点生成器 - 分布 > 分布形式"为"法线"，"点数量"参数为 120，修改点数量为分裂碎块的数量，如图 7-4-4 所示。

图 7-4-3

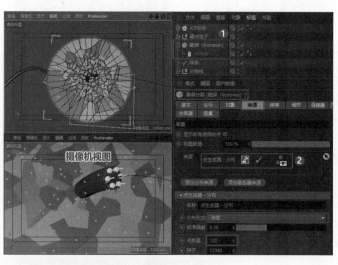

图 7-4-4

步骤 3　为了丰富破碎细节，在中间增加一些小碎块。单击"添加分布源"，单击新增的"点生成器－分布.1"，修改"分布形式"为"统一"，设置"点数量"参数为 250；设定分裂范围，修改"变化>S.X"参数为 0.15，修改"S.Z"参数为 0.15，如图 7-4-5 所示。

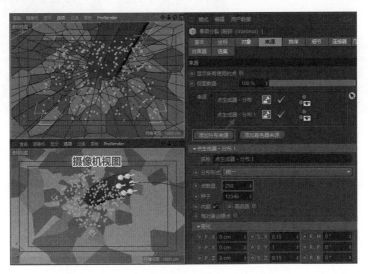

图 7-4-5

步骤 4　使"破碎"对象呈块状。单击属性面板中的"泰森分裂［破碎 Voronoi］>对象"，勾选"优化并关闭孔洞"，如图 7-4-6 所示。

步骤 5　制作障碍墙的撞击对象。由于对接线的模型结构比较复杂，不适合进行力学计算，因此另外创建一个与对接线尺寸相仿的圆柱体和障碍墙发生实际碰撞。

单击"工具栏 > 圆柱" ▇工具，创建一个圆柱，修改属性面板中的"圆柱对象［圆柱］>对象>半径"参数为 100cm，"高度"参数为 10115cm，"高度分段"参数为 36，"旋转分段"参数为 12，如图 7-4-7 ①所示。

步骤 6　按住 Ctrl 键将"对接线"子级的"样条约束"拖曳复制到步骤 5 创建的"圆柱"对象上，作为子级，如图 7-4-7 ②所示，使圆柱和对接线的运动路径一致。

211

图 7-4-6

图 7-4-7

步骤 7　为"破碎"对象添加刚体标签。在对象列表中单击"破碎"，右击，执行"模拟标签 > 刚体"命令，为"破碎"添加刚体标签，如图 7-4-8 所示。

步骤 8　单击"破碎"对象的刚体标签，在属性面板中修改"力学体标签［力学体］>碰撞>独立元素"为"全部"，如图 7-4-9 所示。

步骤 9　在属性面板中修改"力学体标签［力学体］> 力 > 粘滞"参数为 60%，如图 7-4-10 所示，使碎块不要分离得太快。

| 图 7-4-8 | 图 7-4-9 | 图 7-4-10 |

步骤 10 在对象列表中单击"圆柱",右击,执行"模拟标签 > 碰撞体"命令,为圆柱添加碰撞体标签,如图 7-4-11 所示。

步骤 11 播放动画测试效果,发现所有添加了力学体标签的对象都往下掉,这是因为受场景中默认的重力影响。在属性面板中单击"模式 > 工程",修改"动力学 > 常规 > 重力"参数为 0cm,如图 7-4-12 所示。

播放动画测试效果。适当微调障碍墙的位置或调整"点生成器 – 分布"中的"种子"参数,可改变碰撞后的破碎效果。

步骤 12 在对象列表的"圆柱"模型名称右侧的隐藏 / 显示栏中,单击控制是否可见的按钮,使其变为红色,如图 7-4-13 所示,隐藏模型。

| 图 7-4-11 | 图 7-4-12 | 图 7-4-13 |

7.4.3 制作碎屑飞溅动画

扫码观看视频

障碍墙裂成碎块的时候,会迸出一些碎屑,如图 7-4-14 所示。

步骤 1 制作一个面数较少的圆柱作为碎屑的模型。单击"工具栏 > 圆柱"工具,创建一个圆柱,修改属性面板中的"圆柱对象 [碎屑] > 对象 > 半径"参数为 1cm,"高度"参数为 5cm,"高度分段"参数为 1,"旋转分段"参数为 3,如图 7-4-15 所示。

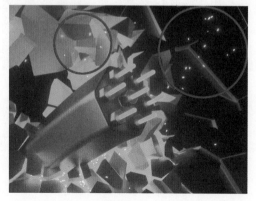

| 图 7-4-14 | 图 7-4-15 |

步骤 2　在对象列表中将"圆柱"对象重命名为"碎屑"。

步骤 3　在菜单栏中单击"运动图形 > 克隆"，在对象列表中把步骤 1 创建的"碎屑"对象拖曳到"克隆"对象上，作为子级，在对象列表中单击"克隆"对象，修改属性面板中的"克隆对象 [克隆] > 对象 > 模式"为"网格排列"，"数量"参数为 8、8、8，"尺寸"参数为 80cm、60cm、80cm，如图 7-4-16 所示。

步骤 4　将"克隆"对象移动到障碍墙中，置于样条线轨迹上。确保其既能隐藏在障碍墙中，又能与圆柱发生碰撞。

步骤 5　为"克隆"对象添加刚体标签，单击"克隆"对象的刚体标签，在属性面板中修改"力学体标签 [力学体] > 碰撞 > 独立元素"为"全部"，如图 7-4-17 所示。

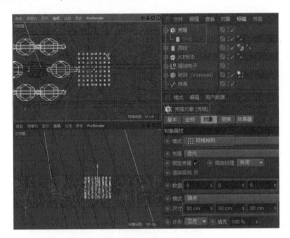

图 7-4-16　　　　　　　　　　　　　　　　图 7-4-17

7.5　任务 3：制作镜头 3 路径结束动画

扫码观看视频

本任务主要完成第 110 ～ 130 帧，对接线沿着样条线运动到 0% 处，压缩至 0%，精诚电子标志出现的动画，如图 7-5-1 所示。

图 7-5-1

步骤 1　在对象列表中单击"摄像机 3"右侧的，使其变为，设置摄像机 3 为摄像机视图，如图 7-5-2 右图所示。

步骤 2　单击"对接线"的子级"样条约束"，在第 110 帧生成样条约束的"偏移"参数为 8% 的关键帧、"终点"参数为 100% 的关键帧；在第 130 帧生成样条约束的"偏移"参数为 0%、"终点"参数为 0% 的关键帧，如图 7-5-2 所示。操作方法参考第 7.3 节的步骤 3。

图 7-5-2

因为对接线在运动过程中会穿过摄像机，使摄像机拍摄到对接线内部，所以形成了图7-5-1左图所示的效果，如果无法达成这个效果，可以适当微调摄像机的位置，但要注意同时配合对接线运动到样条线末端时，镜头里的画面效果需如图7-5-1右图所示的构图。

步骤3　设置"对接线"对象在第130帧以后隐藏。在时间线上将时间指针拖曳到第130帧，如图7-5-3所示，在对象列表中单击"对接线"对象，在属性面板中单击"基本"，分别单击"编辑器可见"和"渲染器可见"左侧的灰色按钮，使其变为红色，在第130帧生成关键帧。

在时间线上将时间指针拖曳到第131帧，选择"编辑器可见"和"渲染器可见"为"关闭"，分别单击它们左侧的灰色按钮，使其变为红色，在第131帧生成关键帧，如图7-5-3所示。

步骤4　设置"精诚电子""JCE文字"对象在第130帧以后可见。在"精诚电子""JCE文字"对象的"编辑器可见"和"渲染器可见"为默认的情况下，在第131帧生成关键帧，在第130帧设置"精诚电子""JCE文字"对象的"编辑器可见"和"渲染器可见"为"关闭"，并生成关键帧，如图7-5-4所示。

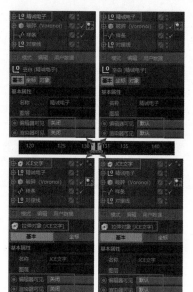

图7-5-3　　　　　　　　　　　　　　　　　图7-5-4

7.6　任务4：制作镜头切换动画

通过本任务的制作与学习，读者可以解锁以下技能点。

解锁技能点
🎬 舞台

本项目的所有镜头都是在一个场景文件中完成的，而且每个镜头的动画在动作和时间上是首尾相连的，可以使用舞台工具通过添加关键帧的方式实现摄像机镜头的切换。

步骤1　设置舞台在第50帧以前使用摄像机1。单击"工具栏＞舞台"工具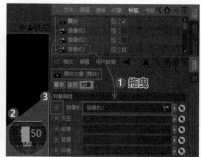，创建一个舞台，如图7-6-1所示。在对象列表中单击"舞台"，将"摄像机1"对象拖曳到舞台属性面板中"舞台对象[舞台]＞对象＞摄像机"右侧的框内，如图7-6-2①所示，在时间线上将时间指针拖曳到第50帧，单击"摄像机"左侧的灰色按钮，使其变为红色，在第50帧生成关键帧，如图7-6-2②③所示。

图7-6-1　　　　　　　　　图7-6-2

步骤 2 设置舞台在第 51 ~ 100 帧使用摄像机 2。在时间线上将时间指针█拖曳到第 51 帧，将"摄像机 2"对象拖曳到舞台属性面板中"舞台对象 [舞台]> 对象 > 摄像机"右侧的框内，单击"摄像机"左侧的灰色按钮，使其变为红色◉，在第 51 帧生成关键帧，如图 7-6-3 ①②③所示；在时间线上将时间指针█拖曳到第 100 帧，单击"摄像机"左侧的灰色按钮，使其变为红色◉，在第 100 帧生成关键帧，如图 7-6-3 ④⑤所示。

步骤 3 设置舞台在第 101 帧以后使用摄像机 3。在时间线上将时间指针█拖曳到第 101 帧，将"摄像机 3"对象拖曳到舞台属性面板中"舞台对象 [舞台]> 对象 > 摄像机"右侧的框内，单击"摄像机"左侧的灰色按钮，使其变为红色◉，在第 101 帧生成关键帧，如图 7-6-4 所示。

舞台工具的使用需要注意每个摄像机动画的长度必须与舞台切换摄像机的时间相匹配。

图 7-6-3

图 7-6-4

7.7 任务 5：制作渐变发光材质和选集材质

通过本任务的制作与学习，读者可以解锁以下技能点。

解锁技能点

渐变发光材质

本任务制作渐变发光材质和"破碎"对象的选集材质。

7.7.1 制作渐变发光材质

本小节制作渐变发光材质，如图 7-7-1 所示。

步骤 1 在材质窗口中创建一个 OC 漫射材质球，调出该材质球的材质编辑器，将材质球重命名为"对接线"，调出 Octane 节点编辑器，拖曳"黑体发光"到材质节点编辑区域，创建其与对接线材质"发光"的节点连接，如图 7-7-2 ①所示。

步骤 2 拖曳"渐变"到材质节点编辑区域，创建其与"黑体发光"的"纹理"节点的连接，如图 7-7-2 ②所示。

图 7-7-1

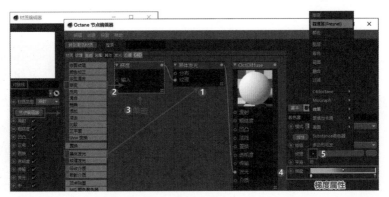

图 7-7-2

步骤 3 单击"梯度",在材质节点属性面板中修改梯度渐变颜色,如图 7-7-2③④所示。

步骤 4 在材质节点属性面板中单击"纹理"右侧的小三角,在下拉菜单中单击"菲涅耳(Fresnel)",如图 7-7-2⑤所示。

步骤 5 单击"黑体发光",在黑体发光属性面板中修改"功率"参数为 0.4,如图 7-7-3 所示。参数详解参考项目 4 中第 4.6.4 小节的小提示。

步骤 6 将对接线材质赋予"对接线 > 对接线 > 发光材质部分"对象,将银材质赋予"金属材质部分"对象,如图 7-7-4 所示。

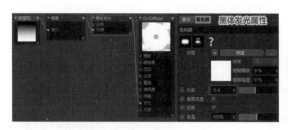
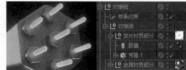

图 7-7-3　　　　　　　　　　　　　　　　图 7-7-4

步骤 7 在材质窗口中将对接线材质球复制出一个副本,调出该材质球的材质编辑器,将材质球重命名为"碎屑",调出 Octane 节点编辑器,单击"黑体发光",在黑体发光属性面板中修改"功率"参数为 0.02,如图 7-7-5 所示。

步骤 8 将碎屑材质赋予"克隆"对象和"JCE 文字"对象,将银材质赋予"精诚电子"对象,如图 7-7-6 所示。

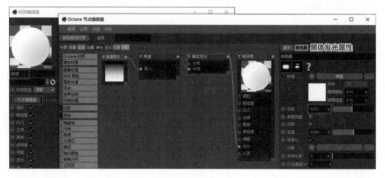

图 7-7-5　　　　　　　　　　　　　　　　图 7-7-6

7.7.2　制作破碎对象的选集材质

本小节制作"破碎"对象的选集材质,如图 7-7-7 所示。

步骤 1 在材质窗口中将对接线材质球复制出一个副本,调出该材质球的材质编辑器,将材质球重命名为"破碎面",调出 Octane 节点编辑器,单击"黑体发光",在黑体发光属性面板中修改"功率"参数为 0.15,如图 7-7-8 所示。

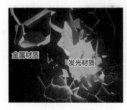
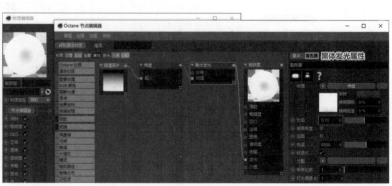

图 7-7-7　　　　　　　　　　　　　　　　图 7-7-8

扫码观看视频

步骤 2　在对象列表中单击"破碎"对象，在属性面板中单击"泰森分裂［破碎 Voronoi］>选集"，勾选"内表面""外表面"，如图 7-7-9 所示。"破碎"对象的标签栏中会出现两个 ▲，一个是内部面选集，另一个是外部面选集，将鼠标移至标签，会出现该标签的名称。

图 7-7-9

步骤 3　将步骤 1 创建的破碎面材质和银材质赋予"破碎"对象，单击破碎面材质标签，将内部面选集标签 ▲ 拖曳到破碎面材质属性面板中"标签 > 选集"右侧的框内，如图 7-7-10 所示。

步骤 4　单击银材质标签，将外部面选集标签 ▲ 拖曳到银材质属性面板中"标签 > 选集"右侧的框内，如图 7-7-11 所示。

步骤 5　烘焙"克隆"对象和"破碎"对象第 0 ～ 100 帧的缓存，如图 7-7-12 所示。"克隆"和"破碎"同属"运动图像"，烘焙方法相同，具体方法参考"项目 5 中第 5.4.5 小节的步骤 7。

图 7-7-10　　　　　　　　图 7-7-11　　　　　　　　图 7-7-12

7.8　任务 6：渲染与合成

渲染舞台镜头第 0 ～ 150 帧，生成序列图，在 AE 或其他后期软件中合成。

7.9　小结

本项目在动画方面主要讲解了使用样条约束变形器制作路径动画的技巧；利用破碎和克隆功能配合力学计算制作动画的技巧。在材质方面主要讲解了渐变发光材质的制作和破碎材质选集的设置技巧。

7.10　课后拓展

本项目讲解了破碎功能配合力学计算制作动画的技巧，尝试替换不同造型的障碍墙，适当改变"破碎"参数，制造不同的破碎效果。

扫码观看视频

扫码观看视频

217

8.1 项目描述

扫码观看视频

通过前面项目的学习，相信读者已经基本掌握了 OC 渲染器的基本操作和基本设置，在渲染输出部分，还有一些参数需要深入了解，以便调整出更好的渲染效果，下面进行介绍。

8.2 技能概述

通过本项目的学习，读者可以了解 OC 渲染器的主要渲染模式，以及最常用的渲染模式——路径追踪模式的相关参数的使用和设置。

8.3 任务 1：了解主要渲染模式

Octane 设置面板菜单栏下有 4 个主要标签：核心 照相机成像 后期 设置。"核心"标签下有 4 种渲染模式，即信息通道、直接照明、路径追踪和 PMC，如图 8-3-1 所示。4 种模式下的渲染效果如图 8-3-2 所示。

图 8-3-1

信息通道 　　直接照明 　　路径追踪 　　PMC

图 8-3-2

信息通道模式下，可以渲染包含有关场景的各种类型的信息伪彩色图像，这些信息通道可以用作后期合成通道。

直接照明模式下，渲染的明暗、投影关系清晰明显，渲染速度快，但品质略低。

路径追踪模式下，渲染效果非常接近真实效果，各种质感也不错。

PMC 模式下，渲染效果最接近现实效果，品质最高，但是渲染速度非常慢。

8.4 任务 2：了解路径追踪模式的相关参数

最常用的模式是"路径追踪"。普适的渲染测试基本参数设置如图 8-4-1 所示。

相关参数介绍如下。

8.4.1 核心参数

1. 最大采样

"最大采样"的数值直接影响画面的质量，数值越大，渲染精度越高，渲染质量也就越好。参数建议如下。

预览：200～500。

输出：500 ～ 3000。

输出（带玻璃材质）：1600+。

图 8-4-2 所示的图 A、图 B、图 C 对比了同一场景同一尺寸下，"最大采样"参数分别为 100、500、3000 时的渲染效果，图 A、图 B、图 C 的渲染时间对比约为 1 ：4 ：23。也就是使用同一台计算机，当"最大采样"设置为 100 时渲染时间是 10 秒，"最大采样"设置为 3000 时渲染时间大约是 230 秒。

图 8-4-1

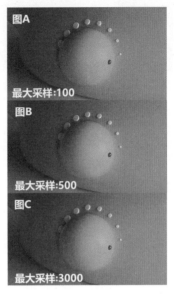

图 8-4-2

2. 漫射深度

"漫射深度"的数值越大，光线在对象间反弹的次数越多，场景中的阴影越淡，如图 8-4-3 所示。

3. 折射深度

"折射深度"的数值越大，透明材质越通透，效果越真实，如图 8-4-4 所示。

图 8-4-3

图 8-4-4

4. 光线偏移

"光线偏移"可以使光线偏移导致阴影发生变化，如图 8-4-5 所示，一般保持默认数值。

5. 过滤尺寸

"过滤尺寸"利用模糊像素的方法修复噪点，数值太小容易有噪点，增大数值可以解决一些噪点、小亮点问题，但画面容易模糊，如图 8-4-6 所示，一般保持默认数值。

图 8-4-5

图 8-4-6

6. Alpha 阴影

"Alpha 阴影"默认是勾选的，可使带有透明通道的对象的投影形状和 Alpha 贴图一致，如图 8-4-7 所示。

7. 焦散模糊

增大"焦散模糊"的数值，焦散会比较柔和，可以去除画面的亮斑，但数值太大画面会模糊。在渲染玻璃材质的时候，建议设置"焦散模糊"参数为 0.3，如图 8-4-8 所示。

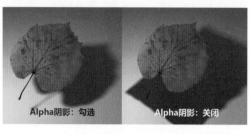

图 8-4-7

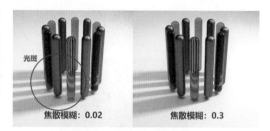

图 8-4-8

8. GI 修剪

"GI 修剪"的数值越大，越接近真实的物理效果，但数值太大容易导致噪点增多，当噪点太多时可适当减小"GI 修剪"的数值。

9. Alpha 通道

勾选"Alpha 通道"可渲染带透明通道的文件，如图 8-4-9 左图所示。

10. 保持环境

"保持环境"默认是勾选的，取消勾选可以隐藏 HDR 环境背景。

如果场景里有环境天空，想渲染带透明通道的文件，需要勾选"Alpha 通道"，并取消勾选"保持环境"，否则将无法渲染带透明通道的文件，如图 8-4-9 右图所示。

图 8-4-9

11. 自适应采样

勾选"自适应采样"，可以自动识别需要进一步渲染的区域，从而加快渲染图像的速度。

8.4.2 摄像机成像参数

摄像机成像参数如图 8-4-10 所示。

1. 曝光

"曝光"参数用于调整场景的曝光量。

2. 伽马

"伽马"参数可以让场景变暗或变亮。

3. 高光压缩

"高光压缩"参数可以调暗高光区域，常用于整体提亮场景以后，调暗曝光过度的高亮区域，如图 8-4-11 所示。

图 8-4-10

图 8-4-11

4. 镜头

"镜头"参数可以设置镜头滤镜，其中"Linear"（线性）是无色偏镜头。

5. 暗角

"暗角"参数可以调整画面暗角强度。

6. 饱和度

"饱和度"参数可以调整画面饱和度。

7. 噪点移除

"噪点移除"参数可以移除明亮的像素，一般保持默认数值。

8.4.3 后期参数

后期参数如图8-4-12所示。勾选"启用"后，可以增加辉光效果。

1. 辉光强度

"辉光强度"参数可以调整辉光效果，如图8-4-13所示。

2. 眩光强度

"眩光强度"参数可以调整眩光光线强度，如图8-4-14所示。

图 8-4-12

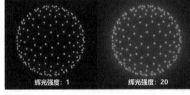

图 8-4-13

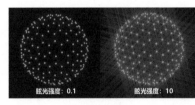

图 8-4-14

3. 光线数量

"光线数量"参数可以调整眩光光线数量，如图8-4-15所示，需在一定的眩光强度基础上进行调整。

4. 眩光角度

"眩光角度"参数可以调整眩光光线角度，如图8-4-16所示，需在一定的眩光强度基础上进行调整。

图 8-4-15

图 8-4-16

5. 眩光模糊

"眩光模糊"参数可以调整眩光光线模糊程度，需在一定的眩光强度基础上进行调整。

6. 光谱强度

"光谱强度"参数可以调整光谱强度，如图8-4-17所示。

图 8-4-17

7. 光谱偏移

"光谱偏移"参数可以调整光谱偏移变化，如图 8-4-17 所示。

8.4.4 设置参数

在设置的参数中，较常用到"环境 > 环境颜色"，其作用是设定场景的
环境颜色。

这个需求很多时候在 HDR 环境中就已经解决了，例如，想营造黑夜环
境的场景，直接用夜晚图像的 HDR 就可以了；也可以将"环境颜色"设置为
黑色，如图 8-4-18 所示。

图 8-4-18

8.5 小结

本项目了解了 OC 渲染器的主要渲染模式，以及最常用的渲染模式——路径追踪模式的关键参数的变
化对渲染效果的影响。

8.6 课后拓展

尝试不同的路径追踪模式的"采样"参数，并记录对比不同参数对渲染时间的影响。